美味的生物

[英] 凯蒂·斯特克尔斯 / 著

石头 / 译

U0244842

天津出版传媒集团

天津科学技术出版社

图书在版编目（CIP）数据

美味的生物 / （英）凯蒂·斯特克尔斯著 ; 石头译

. -- 天津 : 天津科学技术出版社 , 2023.3

书名原文 : KITCHEN SCIENCE:The Biology of

Bananas

ISBN 978-7-5742-0774-5

Ⅰ . ①美… Ⅱ . ①凯… ②石… Ⅲ . ①生物学—青少

年读物 Ⅳ . ① Q-49

中国国家版本馆 CIP 数据核字（2023）第 020889 号

美味的生物

MEIWEI DE SHENGWU

责任编辑：吴　頔

责任印制：兰　毅

出　　版：天津出版传媒集团
　　　　　天津科学技术出版社

地　　址：天津市西康路 35 号

邮　　编：300051

电　　话：（022）23332400

网　　址：www.tjkjcbs.cn

发　行：新华书店经销

印　刷：运河（唐山）印务有限公司

本 710×1000　1/16　印张 10　字数 129 000

3 年 3 月第 1 版第 1 次印刷

：52.00 元

前 言

　　生物学是研究生物的结构、功能、发生和发展规律的科学，研究对象从微小的细胞到巨大的树木，包含地球生态系统中的所有动物、植物、微生物等。因此作为一名生物学家，需要了解一点化学、数学和物理知识，并将这些知识结合起来，研究各种复杂的相互作用的系统。

　　你会在自己的厨房里发现很多生物学的例子，如正在烹饪和享用的食物，以及这些食物被你的身体处理的过程。这本书通过有趣的生物学事实、知识、问题，以及在家里就可以尝试的实验，教给你一些不离开厨房就能学习生物学的方法。

　　这本书有四章：植物、食品、我们的身体和世界。我们所吃的食物大部分来自植物，即使你在吃肉，它的来源也可能是食用植物长大的动物。"植物"一章着眼于植物怎样为人类提供营养和美味的食物，以及植物生长需要的条件。

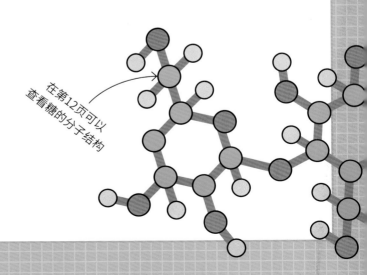

在第12页可以查看糖的分子结构

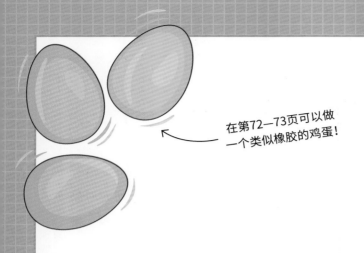

在第72—73页可以做一个类似橡胶的鸡蛋!

　　"食品"这一章研究食物本身的生物学，即食物内部的生物学过程，以及一些你可以利用生物学方法制作的食品。

　　厨房里发生的许多生物学现象也会发生在人体内。"我们的身体"一章介绍身体如何处理和利用食物中的能量，以及在决定做什么晚餐时需要考虑的一些事情。

　　生物学也延伸到了厨房之外，甚至花园之外。生产食物的过程是地球生态系统的一部分。"世界"一章关注人类所食用的食物对环境的影响，以及科学家们如何帮助我们减小自身生存给地球带来的影响。

　　每一章都有实验和小测试。一些测试问题会涵盖你刚刚学到的知识，一些则是你没学过的，书后面的答案对这些问题进行了解释，并提供了更多的信息。对你有用的知识有很多，如果你发现了一些有趣的内容，不妨去探索更多吧!

目　录

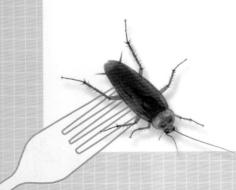

第三章　　我们的身体

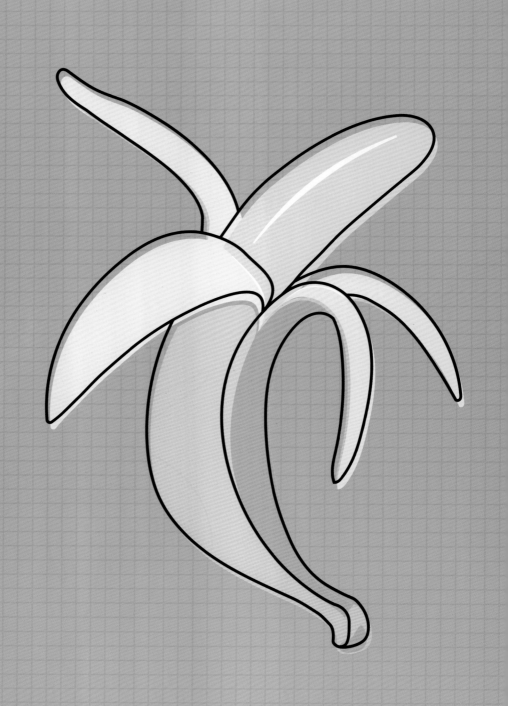

第一章

植 物

发现

学习

实验

发现：藏在香蕉中的生物学

你吃香蕉的时候也许不会去想它是怎么来的，不过，从生物学的角度来看，香蕉是非常有趣的水果。下面这些关于香蕉的真相可能会让你意想不到。

·香蕉并非长在树上

"香蕉树"没有像树一样的木质树干，而是由香蕉叶生长并互相盘绕形成茎干。

·香蕉是一种浆果

从植物学上讲，浆果有一层叫作外果皮的外皮，一层肉质的中间内芯是中果皮，以及含有多粒种子的内果皮（中心的果肉部分）。蓝莓、猕猴桃，以及茄子都是浆果。有较大果核的樱桃和种子在外皮上的草莓都不是浆果，覆盆子也不是浆果（覆盆子有许多称为核果的小果瓣，每个核果里包含一粒种子）。

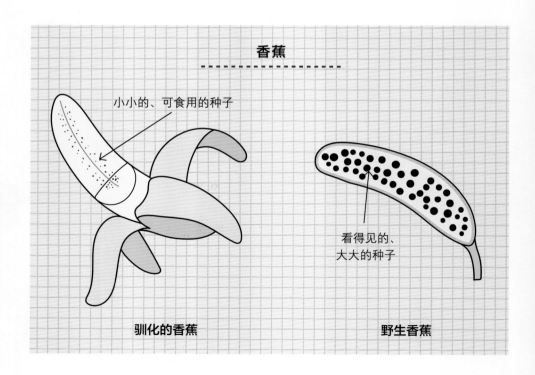

香蕉

小小的、可食用的种子

看得见的、大大的种子

驯化的香蕉

野生香蕉

• 香蕉不能自然生长

　　野生香蕉和驯化的香蕉有很大的不同。野生香蕉有大粒的、不能吃的种子，而香蕉种植者要种植种子较小的品种，为此，他们渐渐培育出了我们现在经常吃的、可以在内部看到小黑点的香蕉。这就使得可以食用的香蕉无法在地里通过播种种植，而只能用蘖枝种植。现在，几乎所有的香蕉都是两种原始野生蕉种的后代，即小果野蕉（*Musa acuminata*）和野蕉（*Musa balbisiana*）。这两种香蕉都很容易感染疾病。

并非香蕉

　　香蕉味的糖果通常尝起来不像我们吃的香蕉，这是因为这种糖果不是用真正的香蕉做成的，而是用一种酯类化学物质模仿香蕉的味道制作而成。像罕见的大麦克香蕉，它的味道更甜，更接近香蕉糖果的味道。（关于酯类的更多信息请参见第110—111页）

• 香蕉是向上长的

　　在你的想象中，香蕉也许是朝下挂在树上生长的，实际上，香蕉的茎位于底部，它们是成串向上生长的，一捆香蕉可以重达45千克。

注意：香蕉有放射性！

　　香蕉中富含钾元素，这种元素的同位素钾–40导致香蕉具有轻微的放射性。这种放射性不会对人体造成伤害，但是可以用香蕉当计量单位来衡量其他辐射源。比如：吃多少根香蕉才能受到相同剂量的辐射。

　　• 我们每天暴露在大约100根香蕉剂量的辐射下。

　　• 一次CT扫描大约是7万根香蕉当量的辐射。

　　• 3 500万根香蕉剂量的辐射就能杀死一个人。

发现：细胞的结构

在生物学中，细胞是构成一切生物（病毒除外）的基础结构：植物、动物、真菌（如酵母菌）和细菌都是由不同类型的细胞构成的。下面是你可能会见到的一些细胞的主要结构。

细胞的组成部分

细胞核：除植物的筛管细胞和哺乳动物的成熟红细胞外，细胞核存在于其他所有的真菌、植物和动物细胞中。细胞核是储存遗传信息的地方，起着细胞"大脑"的作用，给细胞下达指令，告诉它该做什么，如何生长。

细胞质：所有的细胞内都充满了细胞质，这是一种果冻状的物质，主要由水和无机盐组成。细胞质充满细胞，使细胞内的细胞器都能保持在适当位置。

细胞膜：所有细胞都有细胞膜。细胞膜包在细胞外面，把所有细胞器都包裹在里面。细胞膜是主要由蛋白质和磷脂双分子层构成的膜结构。

线粒体：这是一种很小的细胞器，是悬浮在细胞质中的特殊结构。线粒体通过利用氧气分解有机物为细胞提供能量，即细胞的呼吸作用。

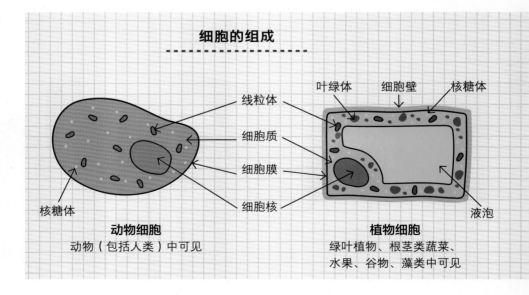

细胞的组成

线粒体　叶绿体　细胞壁　核糖体
细胞质
细胞膜
核糖体　细胞核　液泡

动物细胞
动物（包括人类）中可见

植物细胞
绿叶植物、根茎类蔬菜、水果、谷物、藻类中可见

细胞壁：植物细胞最外面被主要由纤维素（一种糖类）构成的细胞壁所包围，使得细胞的形状保持不变。这就是为什么植物的茎非常坚硬、可以保持直立的原因。有些细菌和酵母菌细胞的细胞壁由多糖、脂类和蛋白质的混合物组成。

液泡：植物细胞内用来储存营养物质或废物的细胞器。当植物不能获得足够的水分时，液泡中储存的液体就会减少，细胞变小，植物因此下垂和枯萎。

叶绿体：只存在于植物细胞中。叶绿体含有一种叫作叶绿素的绿色色素，这就是为什么很多植物看起来是绿色的原因。植物细胞用叶绿素进行

光合作用：利用光能将水和二氧化碳转化为细胞所需的糖类等有机物，并储存能量，同时将氧气释放到空气中。

核糖体：微小的RNA（核糖核酸）和蛋白质用于连接氨基酸分子，制造其他种类的蛋白质。核糖体遵循细胞核的指令，决定制造什么。

质粒：在细菌细胞中发现的一种小型环状DNA（脱氧核糖核酸）分子。由于细菌细胞没有细胞核，所以它们的DNA就松散地储存在细胞质中。

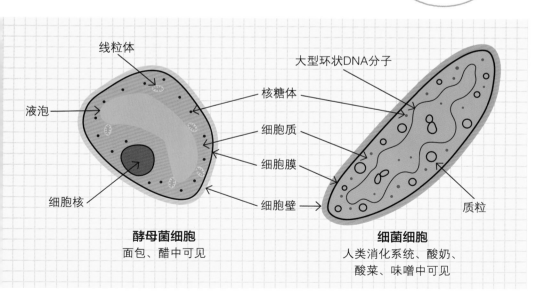

酵母菌细胞
面包、醋中可见

细菌细胞
人类消化系统、酸奶、
酸菜、味噌中可见

学习：香蕉

即使你每天都在吃香蕉，也可能有一些关于香蕉的真相是你不了解的。例如，严格地说，香蕉是一种浆果，看到这里可能许多人觉得很惊讶（要了解更多关于不同种类果实的信息，请参见第21页）。下面有几个选择题，看看你对香蕉知道多少，或者能猜出多少。

小测试：香蕉

1.把香蕉放水里会发生什么？

a.浮起来

b.下沉

c.溶解

2.与我们吃的驯化的香蕉品种相比，野生香蕉有多大？

a.更大

b.较小

c.相同大小

3.香蕉中含有哪种金属元素？

a.铁

b.钾

c.镁

d.以上所有

4.香蕉的茎干由什么构成？

a.木

b.竹

c.香蕉叶

5.人类和香蕉的DNA有多少是相同的？

a.10%

b.50%

c.90%

6.下面哪一项不可以用香蕉皮做到？

a.缓解瘙痒

b.美白牙齿

c.吸引蝴蝶

d.擦亮鞋子

e.移除肉刺

f.以上所有

7.以下哪一个不是香蕉的组成部分？

a.内果皮

b.河鲤鱼

c.外果皮

8.一分钟内剥皮吃香蕉最多的世界纪录是多少个？

a.8

b.17

c.25

9.下列水果中哪一种与香蕉属于同一植物学分类？

a.樱桃

b.蓝莓

c.覆盆子

（答案见第140页）

学习：细胞的组成部分

下列细胞组成部分能在哪种细胞中找到？如果不确定，请看第4—5页的图表，再在方框中打勾。

在方框中打勾

细胞组成部分	动物细胞	植物细胞	酵母菌细胞	细菌细胞
线粒体				
叶绿体				
细胞膜				
细胞核				
细胞壁				
质粒				
细胞质				
核糖体				
液泡				

你认为下列食物中有哪种细胞（动物、植物、酵母菌或细菌细胞），或在制作时要使用哪种细胞？可能不止一个答案。

1.烤火腿　2.沙拉　3.芝士生菜汉堡　4.草莓酸奶　5.鸡翅

（答案见第140页）

实验：制作细胞饼干

　　要想记住细胞各组成部分，有一个非常好的方法就是把饼干装饰成不同种类的细胞。请从第4—5页中选择你最喜欢的细胞，或者也可以全选！使用图表，查看需要哪些材料。

你需要：

　　·普通饼干（圆形、矩形或不规则形状的都可以）

　　·不同颜色的现成管装糖霜

　　·可以粘在饼干上的不同大小的糖果、糖粒、巧克力豆和其他美味的食物

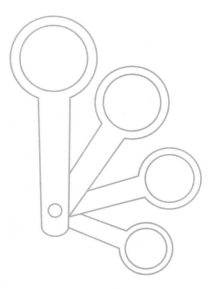

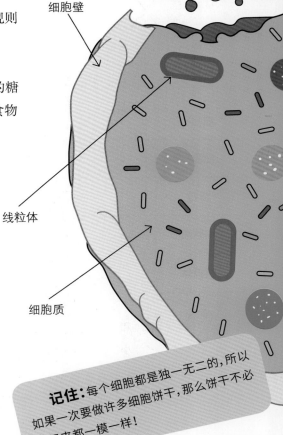

细胞壁

线粒体

细胞质

记住：每个细胞都是独一无二的，所以如果一次要做许多细胞饼干，那么饼干不必看起来都一模一样！

实验步骤：

1. 首先决定要制作什么类型的细胞——动物、植物、酵母菌或细菌细胞，或者也可以每种制作一个！

2. 决定用哪种"装饰"来表示细胞的每种组成部分。可以用糖霜在细胞外面挤一层细胞壁，大的糖果代表细胞核，绿色的软糖代表叶绿体，棉花糖代表液泡，而糖粒则代表微小的核糖体。

3. 用糖霜把糖果粘在饼干的恰当位置。

4. 分享美味的细胞饼干！问问你的同伴们，是否能识别出所有的细胞组成部分。

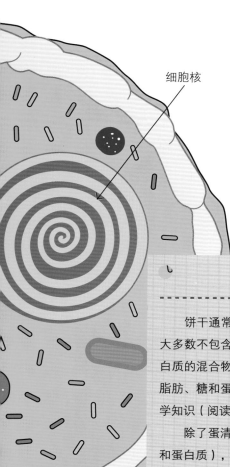

细胞核

细胞饼干中的细胞

饼干通常是用面粉、糖、黄油和鸡蛋制作成的。这些成分大多数不包含细胞，因为糖由糖分子组成，而黄油是脂肪和蛋白质的混合物，面粉是把麦粒磨碎制成的，所以饼干是淀粉、脂肪、糖和蛋白质的混合物。不过，鸡蛋却有着最有趣的生物学知识（阅读第70—71页）。

除了蛋清（主要是水，含少量蛋白质）和蛋黄（富含脂肪和蛋白质），鸡蛋还含有一个胚盘——蛋黄表面的一个盘状的小白点，如果鸡蛋已受精，会有约2万个细胞聚集在胚盘，最后胚盘就能发育成小鸡，而不是被制成饼干了。所以，如果用鸡蛋做饼干，你的细胞饼干可能含有真正的细胞成分！

实验：通过显微镜进行观察

我们在生物学中研究的很多东西都太小了，小到用肉眼是看不见的。大约1590年，人类发明了光学显微镜，科学家们透过显微镜发现了一个由细胞或者分子这种微小物质组成的全新世界，这些微小的物质究竟有多大呢？

长度的测量

针头

大头针的平头直径约为1毫米。

头发

人类头发的粗细程度各不相同，每根头发平均直径约100微米，也就是说，并排放10根头发，它们的宽度约为1毫米。

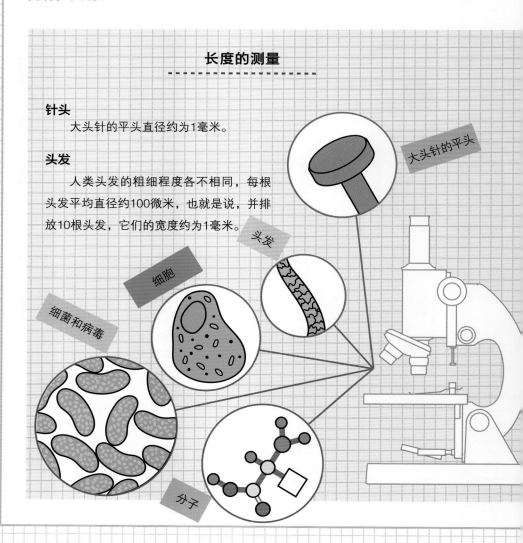

大头针的平头

头发

细胞

细菌和病毒

分子

放大

用显微镜观察物体，能使物体看起来更大，这个过程就叫作放大。要把直径1微米的东西放大到1厘米，需要放大1万倍，因为1厘米等于1万微米。

如果有显微镜，就能观察构成物体的物质。许多显微镜可以将观察的东西放大1 000倍，即使只放大20到40倍，我们仍然可以看到一些有趣的东西。

细胞

最大的人体细胞是女性卵巢中的卵细胞，它的直径约100微米。不过，大多数未成熟的卵细胞都要比这小得多。皮肤细胞的直径约为30微米，血液中携带氧气的红细胞的直径约为10微米。普通酵母菌细胞的直径为3～4微米。

细菌和病毒

最大的细菌直径可达750微米（0.75毫米）。一般的细菌直径只有2微米左右，比如大肠杆菌（误食大肠杆菌会导致食物中毒）。病毒的直径要小得多，从20纳米到250纳米（0.25微米）不等。

分子

人体细胞内的DNA分子直径约为2纳米，构成蛋白质的氨基酸直径约为1纳米。单个氢原子的大小为0.1纳米。

发现之旅

你可以观察：

· 糖

· 盐

· 面粉

· 海藻

· 蘑菇孢子

· 植物叶片

为了了解身体各部位近距离看起来是什么样子，你可以观察：

· 口腔上皮细胞

· 一缕头发

· 牙齿上的牙菌斑

· 1米等于100厘米

· 1厘米等于10毫米

· 1毫米等于1000微米

· 1微米等于1000纳米

发现：什么是纤维素

　　植物细胞壁中的纤维素，是由被称为多糖的长链糖分子组成的。像许多有机物一样，纤维素只包含碳、氢和氧原子。这些原子的连接方式赋予了纤维素很多有趣的特性。

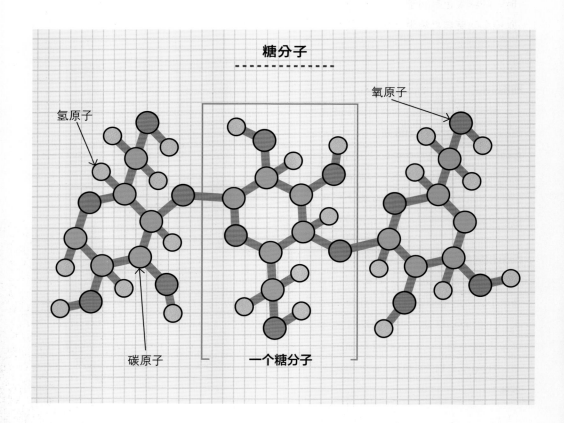

氧原子

氢原子

糖分子

碳原子

一个糖分子

　　长链分子使纤维素成为一种坚固的纤维状物质，这赋予了植物细胞壁特有的强韧度。其中，棉纤维90%以上的组成物质都是纤维素。在这些植物的细胞内，植物中的糖分子连接在一起，合成纤维素，构成地球上最丰富的有机聚合物（长链分子）。

纤维素的真相

人类无法消化纤维素，因此纤维素会以纤维的形式被排出体外。这就是说，纤维素不能为人体生命活动提供能量。但是，纤维素是人体必需的营养素。同时，纤维素也有利于消化——纤维素比较蓬松，促使其他食物更容易经由消化系统被排出体外。膳食纤维含量高的食物含有大量的纤维素。

纤维素也可以用作其他食品的添加剂。把纤维素加入水中，水就变稠成为凝胶，凝胶可以用作奶昔和调味品的增稠剂，也可以用作防止不同液体混合物分离的稳定剂。另外，纤维素也可以用作防腐剂，还能防止包装好的奶酪碎发生凝结。

白蚁和反刍动物（食草动物，如奶牛）有一种特有的消化系统。它们的消化系统有几个胃可以消化纤维素。这种动物的胃里含有各种单细胞生物，可以帮助它们分解这些纤维素分子。这就是为什么牛羊靠吃草便能生存。草的主要成分是纤维素，人类不能靠吃草维持生命，因为我们在消化草的过程中只能得到很少的营养物质。

纤维素是许多食物的组成成分，也是棉织品的主要组成成分。纤维素还可以用于造纸和制作硬纸板。树木由植物细胞组成，木材的40%～50%是纤维素，可以用来制浆造纸。纤维素还可以用来制造玻璃纸（用于多种食品包装）和人造纤维（用于制造织物）。

真菌能分解纤维素，这就是它们能够使木材腐朽的原因。

你知道吗？

美国纸币是由混合了纤维（比如棉花和亚麻）的纸制成的，所以美钞中也含有纤维素！

在128页可以测试一下你对奶牛的了解！

学习：一种食物有多少细胞

我们已经了解了不同种类的细胞，甚至可能已经用显微镜观察到了细胞，同时，也知道了植物、动物以及我们吃的许多食物都是由细胞构成的，那你知道一种食物中有多少细胞吗？

细胞非常非常小，所以我们很难把它们的数量全部数出来！但我们可以通过称重，使用乘法运算进行粗略的估计。

一个细胞的平均重量为1纳克，即10亿个细胞重1克。这么说来，在一块食物中能找到多少细胞呢？为了找出答案，我们需要准备一个以克为单位的厨房秤和一个计算器。

用厨房秤称一下由细胞构成的食物的重量，比如，一片生菜叶、一个西红柿或一块汉堡肉饼。（不是纯肉制成的汉堡肉饼，含有的细胞可能比较少。如果能找出汉堡中肉的比例，就能算出一个更准确的数值。）

几个例子

生菜叶： 一片叶子的重量可能在5克到25克之间，所以一片较小的叶子可能有50亿个植物细胞，一片较大的叶子则有250亿个植物细胞。

西红柿： 一个中等大小的西红柿约重150克，所以一个西红柿大约有1500亿个细胞。

汉堡肉饼： 一个汉堡肉饼约115克。不过，汉堡肉饼并非纯肉——可能还含有香草、面粉、鸡蛋和黏合剂。优质汉堡肉饼可能含有95%的肉，即115×95％＝109.25克的汉堡肉饼由动物细胞组成。这样一来，汉堡肉饼中大约有1092.5亿个动物细胞。

以克为单位计算重量，然后乘以1 000 000 000。算一算：你昨晚吃掉了多少细胞？

人体

人体大约有37.2万亿个细胞，这些细胞分为不同的类型，构成了你的皮肤、脂肪、肌肉、血液、神经等身体的许多部分。但我们的身体不是全部由细胞构成的，比如骨头、头发、牙齿和指甲。骨头和牙齿主要由钙等无机物构成，头发和指甲的主要成分是角蛋白。这些成分不是活细胞，但是是由身体的细胞产生的。

这些数值有多大？

像10亿、1万亿这样的数字我们很难理解具体是多大。把细胞想象成一个比它本身大很多的东西，比如，把每个细胞想象成一粒大米。一袋1千克的大米大约有5万粒。假如这里有和构成一个西红柿的细胞一样多的米粒，需要有几个袋子才能装下这些米粒呢？（答案见第141页）

令人惊讶的纤维素！

我们身边的很多东西都来自植物，原本是植物成分的东西都是由植物细胞组成的。植物细胞坚固的细胞壁由纤维素等成分组成，我们周围的很多东西都含有纤维素！

你能分辨出下列哪些物品含有纤维素，哪些不含纤维素吗？

1. 铅笔	8. 糖纸	15. 平底锅
2. 生菜叶	9. 岩石	16. 水仙茎干
3. 火腿	10. 硬币	17. 奶昔
4. 苹果	11. 芹菜	18. 棉T恤
5. 钞票	12. 刀和叉	19. 餐盘
6. 钥匙	13. 辣椒	
7. 牛仔裤	14. 这本书	

（答案见第141页）

实验：改变花的颜色

植物的生长需要水分，植物进行光合作用也需要水（见第25页），水还能使植物茎干保持坚挺和直立。把植物茎干放在水里静置几个小时，就会看到水位下降了。

植物输送水分的方式是通过维管束一直向上输送。维管束主要由一种叫作木质部的组织构成。木质部的细胞含有木质素，使细胞排列成的长长的导管很坚固而且不透水。这些导管通过毛细管作用将水和养分从植物根部向上输送到叶子和花朵，水分会从叶子和花瓣上蒸发（这个过程叫作蒸腾）。然后，更多的水被吸收到植物中。

蒸腾作用

水分从植物的叶子和花瓣蒸发

水流过茎干，补充蒸发失去的水分

通过根系吸收水分

如果你利用食用色素，就可以看到水被输送向花茎的过程。

你需要：

· 白色的花（康乃馨和满天星效果最佳）

· 每朵花都配透明的玻璃花瓶或高脚玻璃杯

· 不同颜色的食用色素

实验步骤：

1. 将每一朵花分别放入一个装有少量水的高脚玻璃杯中。向水中加入10～20滴某种颜色的食用色素。

2. 等待24小时。你将看到，彩色的水已经向上输送到了花茎，进入了花瓣。茎或叶上可能看不到着色，但白色的花瓣会改变颜色，或在某处发生变色。

有趣的真相

· 有些颜色比其他的颜色效果更好，而且水分向上移动的速度也更快。你可以尝试使用不同颜色的色素，看看哪种颜色的效果最好。

· 花商可以使用这种技术打造色彩缤纷的花束。你可以把一些白花放在一种颜色的水中，一段时间后，再移到另一种颜色的水中。用你最喜欢的颜色做一些花束吧！

· 食用色素对花卉无害（人类可以安全食用，没有毒性）。它进入植物细胞内，能使植物呈现出不同的颜色。

发现：为什么水果很好吃

许多植物都是通过种子进行繁殖的。种子由一小束细胞集合而成，被坚硬的外壳包裹，可以长成新的植株。种子的大小是不同的，有极小的重0.0001毫克的兰花种子，也有世界上已知最大的种子——超过30千克的复椰子。

植物有一种特有的传播种子的窍门——利用美味的果实。

如果植物的种子落在附近的地上，种子在那里生长，那么植物可能就要与后代争夺资源——水、光、矿物质和空间。因此植物想要在远离自身的地方进行繁殖是有意义的，但是，除非植物有行走的能力，否则无法自己做到这一点。

一些植物通过可以"移动"的种子来解决这个问题。蒲公英有蓬松的白色"降落伞"附着在种子上；梧桐树的种子带有特有的翼，可以像直升机旋翼桨叶一样进行旋转，随风飘走。所以这些种子都不落在植物附近的地面上。

其他一些植物的种子可以通过水进行传播。椰子树通常生长在靠近水的地方，它们的种子有一层坚硬的纤维状外壳，因此，椰子树的种子可以漂浮在水面上，能漂到5000千米以外的地方，在另一个岛上停下来开始生长。

甜蜜的诱惑

不过，大多数有花植物已经有了一种巧妙的解决方案。这种方案利用了两个因素：动物和美味的糖。大多数种子都含有一些营养物质，可以供刚开始生长的幼苗利用。但许多有花植物与其他植物不同，它们会用不同类型的营养物质把种子包裹起来，这样就有了水果。水果含糖量高，颜色鲜艳，可以吸引众多觅食者。

动物（包括人类）食用美味的水果后，产生的粪便中可能含有一些完整的种子。种子就这样被带到了新的地方，而且正位于一堆肥料中！这是

一种巧妙地利用动物传播种子的方法，也是水果成为一种很好的营养来源的原因。

无性繁殖

大多数供人类食用的水果都是人工种植的，即便是嫁接用的植物也不需要用种子来繁殖。农民可以从已有的树上截取插条，然后将其种植成单独的植株，从而培育出新的果树。新果树能结出类似的果实，而自然发芽的种子则会发生变异。商店老板当然更喜欢完全相同的排列整齐的水果！（在第132—133页可以找到更多关于选择育种的信息。）

发现：有花植物和果实

果实长在会开花的植物上，形成于雌蕊的子房内，子房是花的一部分。实际上水果有很多种类和形态，每一种都有些微不同的特征。

授粉

花药中产生花粉，鲜艳的花瓣吸引昆虫传播花粉，花萼则可以保护花瓣。花的中心是雄蕊和雌蕊，雄蕊包括花药和花丝，雌蕊包括柱头、花柱和子房。

昆虫将另一株植物的花粉附着在柱头上，花朵受精，植物的子房就成了种子和果实生长的地方。

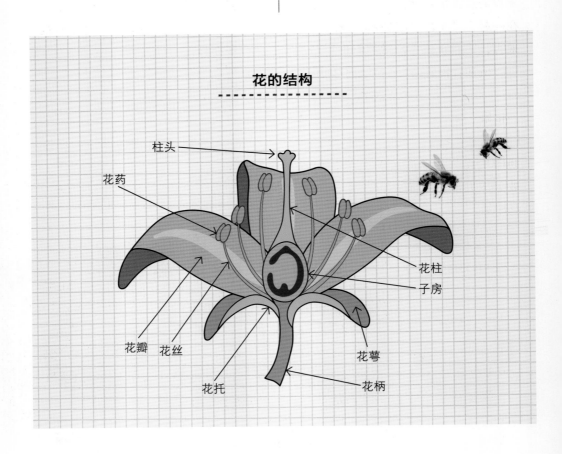

花的结构

柱头

花药

花柱

子房

花瓣　花丝

花托

花萼

花柄

黑莓是
一种聚合果

果实的种类：

·浆果

这是一种肉质多汁的果实，由单一子房的花发育而成。

例如：黑醋栗、蓝莓、蔓越莓、红醋栗、葡萄、猕猴桃、石榴、番石榴、西红柿、茄子、香蕉。

·聚合果

这种果实由包括多个子房的单花发育而成，随着花的生长，子房结合在一起，产生由多个肉质部分组成的果实，每个部分都包含一个种子。

例如：覆盆子、黑莓、波森莓。

·柑果

这是一种略有特殊的浆果，有坚韧的皮质外皮和多汁的内瓤，内瓤被分成几瓣。所有的柑橘类水果都是柑果。

例如：橙子、柠檬、柚子。

·瓠果

瓠果是另一种类型的浆果，有一层厚厚的硬皮，有时也被称为果皮。与柑果不同的是，瓠果内部并没有分成几部分。

例如：香瓜、南瓜、西葫芦、黄瓜。

·复果

复果由同一簇的几朵花发育而成，这些花的果实生长并结合在一起形成一个单一的肉质团块。

例如：无花果、菠萝、桑葚。

·假果

假果的部分果肉来自子房之外花的其他部分。

例如：草莓、苹果。

·核果

核果外部肉质，里面含有外皮坚硬的种子。

例如：樱桃、李子、杏、桃。

·干果

这种果实没有肉质部分。其中一些是开裂性的，会突然打开，弹出种子，叫裂果。例如：豌豆、黄豆和花生。

果壳不开裂的干果叫闭果。例如：山毛榉、榛子和橡子。纤维状核果包括椰子和核桃。

实验：苹果和柠檬汁

切开一个苹果，你会发现切面的颜色较白，但这种颜色不会保持太长时间！如果把切开的苹果放在空气中，苹果的果肉就会变成棕色。这个实验将展示把苹果浸在不同的液体中将产生什么变化。

你需要：

· 任意种类的苹果：红苹果或绿苹果

· 切苹果的刀（请成年人帮忙）

· 液体：柠檬汁、苹果汁、水、白醋

· 4个碗，用于将苹果浸泡在液体中

· 5个盘子

· 拿起苹果片的夹子或叉子

实验步骤：

1. 把液体倒入4个不同的碗里，然后把苹果切成小块。最好切15～20块。

2. 用夹子把3～4块苹果浸入其中一种液体中，再让苹果在液体中停留30秒，然后取出苹果放在盘子上，贴上标签。

3. 对其他液体重复此操作，每次使用不同的液体时，夹子都要进行清洗。

4. 在第五个盘子里放一些没有浸过液体的苹果片，用这个盘子里的苹果来做对照。以此查看这几种液体有什么效果。

5. 把这些苹果静置几个小时。

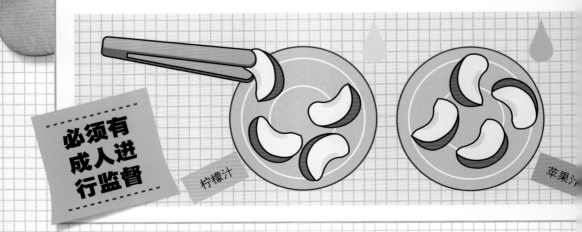

必须有成人进行监督

柠檬汁

苹果汁

会发生什么？

对照苹果（没有浸泡液体的苹果）

　　没有蘸过液体的苹果块，果肉会变成棕色。这种变化可能需要几分钟到几个小时，取决于苹果的类型。这是因为苹果里含有多酚氧化酶，它与空气中的氧气发生反应，可以产生一种棕色的色素。

柠檬汁

　　柠檬汁是强酸性的，而苹果中的多酚氧化酶的化学本质是蛋白质，在酸性环境中酶被破坏。柠檬汁可以阻止一些酶与氧气发生反应，所以苹果会较白。

苹果汁

　　苹果汁也是酸性的，但没有柠檬汁的酸性那么强。这意味着一些酶不会发生反应，但并非全部不会发生反应，所以苹果块的变色程度不会像"对照苹果"一样那么深。

水

　　水不是酸性的，所以不会破坏酶。但水会渗入苹果中，形成屏障，阻止氧气进入苹果。所以苹果块会变成棕色，但不会像"对照苹果"一样那么深。

白醋

　　醋也是酸性的，和柠檬汁有相似的作用，可以阻止酶发生褐变。（不过，用醋浸泡之后你就不太可能再想吃这些苹果了！）

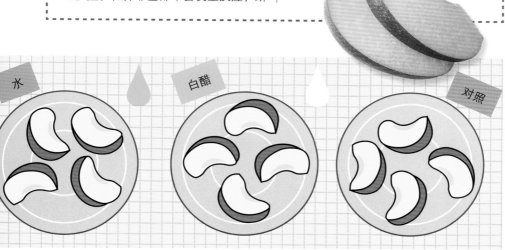

水　　　白醋　　　对照

发现：植物如何做饭吃

所有的生物有机体都需要有能量才能生存，生物可以从糖类（如葡萄糖）中获取能量。在细胞内部发生的呼吸作用，可以提供生物体生存所需的能量。

呼吸作用

呼吸作用的主要形式为有氧呼吸，之所以这样称呼，是因为需要氧气的参与。其化学方程式为：

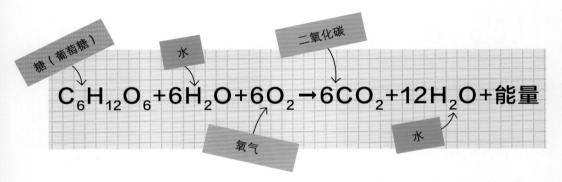

$$C_6H_{12}O_6 + 6H_2O + 6O_2 \rightarrow 6CO_2 + 12H_2O + 能量$$

糖（葡萄糖）　水　二氧化碳　氧气　水

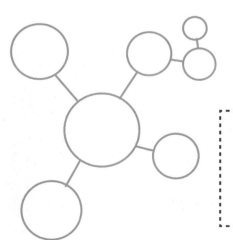

细胞通过有机体的运输系统运输氧气和葡萄糖。动物的运输系统就是血液。细胞呼吸产生二氧化碳、水、废物等，并释放能量，使细胞得以正常行使功能。

植物和动物都有呼吸作用。但植物还有另一个过程，即光合作用，这就使得它们不需要进食就能获得葡萄糖。植物利用光照能自己生产糖。

光合作用

　　所有绿色植物都能进行光合作用。植物利用光合作用吸收光能，利用水和二氧化碳，产生葡萄糖和氧气。细胞内的叶绿体（见第4—5页）含有一种叫作叶绿素的绿色色素，使得植物可以吸收阳光。来自阳光的能量使光合作用得以发生。其化学方程式为：

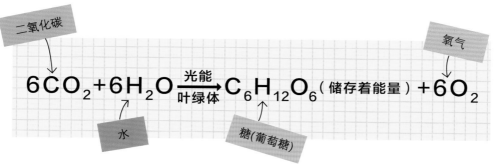

二氧化碳　　　　　　　　　氧气

$$6CO_2 + 6H_2O \xrightarrow[\text{叶绿体}]{\text{光能}} C_6H_{12}O_6 \text{（储存着能量）} + 6O_2$$

水　　　糖(葡萄糖)

　　植物把氧气释放到空气中，植物细胞以葡萄糖为原料进行呼吸作用。这就是植物需要水和充足的阳光才能生存的原因。

阳光还是灯光？

　　植物需要光来完成光合作用。虽说大多数植物生活在室外阳光下，但它们也可以在室内的花盆里存活（别忘了给它们浇水就可以了）。窗台上的植物比没有窗户的房间里的植物存活得更好，所以这是否意味着阳光对植物更有益呢？

　　阳光不同于人造光。大多数灯在光谱红色和蓝色区域的能量比太阳少，而植物在进化过程中已经可以利用所有不同波长的光，所以也最喜欢阳光。太阳光通常也比人工产生的光更强烈。此外，阳光是免费的，不需要任何电力！

实验：解剖洋葱

洋葱是许多菜系的常见食材，你一生中可能要吃许多洋葱。咖喱、炒菜、沙拉、汤、肉汁和炖菜，以及数百种开胃菜中都有洋葱，甚至酸辣酱和泡菜都利用了洋葱刺鼻的风味。

用洋葱烹饪的人可能在某个时候需要把洋葱切碎。切开洋葱，就能看到它的内部结构。洋葱有几个有趣的特征，解剖洋葱可以让我们了解洋葱的构成（也可能会让你哭）。

你需要：

· 1个洋葱
· 切菜刀（请成年人帮助）
· 切菜板
· 用于观察洋葱细胞的显微镜以及显微镜载玻片和盖玻片

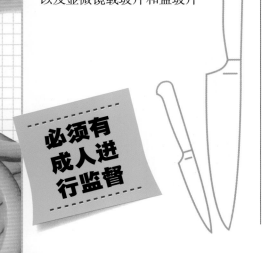

必须有成人进行监督

实验步骤：

1. 用刀把洋葱切成两半，观察里面的结构。

2. 从其中一半上剥下两层洋葱。你看到了什么？用手指摩挲洋葱弧形的外表面，是粗糙的还是光滑的？

洋葱是一层层生长的。从生物学上讲，一层就是一片叶子。叶片围绕着茎长在一起，就形成了鳞茎。较硬的外层先生长起来，以保护洋葱，新的叶层则从内部生长出来。

在每一层洋葱叶肉之间，都有一层膜，由一层洋葱细胞组成。一摩擦膜就会脱落，留下光滑的洋葱。如果有显微镜，你可以把这层膜剥下来，放在载玻片上，盖上盖玻片，置于显微镜下观察。你看到单独的细胞了吗？这些细胞的直径约为100微米。你能辨认出细胞内的各种结构吗？

为什么洋葱会让你流泪?

完整的洋葱不会散发出浓烈的味道。一旦切开洋葱并破坏细胞,洋葱中的酶被释放出来,就会与洋葱中的其他化学物质发生反应,产生顺式–丙硫醛–S–氧化物。这是一种可以通过空气扩散的气体,当气体接触到你眼睛里的神经细胞时,就会引起刺痛的感觉,让你的眼睛流泪。这种化合物还会使你在吃生洋葱时产生发热和灼烧感。

洋葱的外层
又干又硬,
可以保护内层

内层之间的膜

内层

植物的根从
土壤中吸收水分

茎干

发现：蔬菜

蔬菜是我们饮食的重要组成部分。蔬菜是人体必需的维生素、矿物质以及纤维素的优质来源，而且多数都是低脂肪、低热量的食物。多吃蔬菜的人患癌症、中风和心脏病的风险较低，而且，蔬菜真的很好吃！

"蔬菜"更大程度上用于烹饪，而不是植物学；一些植物学家认为根本没有蔬菜这种东西。我们称为蔬菜的食物可以来自多种植物和植物的组成部分。

根菜类蔬菜

胡萝卜、芜菁和萝卜都是根菜。胡萝卜植株本身多叶、呈绿色，看起来像欧芹，食用的部分实际上是根，根的作用是从土壤中吸收水分和无机盐。

块茎类蔬菜

马铃薯和山药都是块茎植物的地下部分。根茎植物利用地下茎的特殊部分（或者甘薯的根）来储存能量和营养物质。所以，挖马铃薯，实际上是在偷植物储藏的食物！

鳞茎类蔬菜

有些植物由鳞茎发育而成，也能为生长中的植物储存能量。这些植物包括洋葱、茴香、韭菜和大蒜。

叶菜类蔬菜

叶菜富含维生素、矿物质和纤维素。这类植物包括莴苣、羽衣甘蓝、甜菜和菠菜。已知近1000种不同的植物有可食用的叶子。

茎菜类蔬菜

芦笋、根芥菜和竹笋，作为蔬菜食用的都是植物的茎。

花菜类蔬菜

一些植物，包括西蓝花和花椰菜，能结出可食用花序。这种蔬菜看起来可能不太像花，但你吃的西蓝花实际上是由小的头状花序组成的！

果实

很多蔬菜从生物学角度来说都属于果实，这类蔬菜包括西红柿、茄子、辣椒和南瓜。

花蕾

抱子甘蓝和卷心菜这样的蔬菜实际上是植物的花蕾，由多片重叠的叶子组成，呈球状。

种子

豌豆和蚕豆是可食用的种子。其他种子，如芥菜籽和油菜籽，也可食用。种子含有植物生长所需的能量和营分，通常有很丰富的营养。

芸薹属植物包含许多种蔬菜，分属于不同的类别。其中包括根菜类蔬菜，如芜菁甘蓝；茎菜类蔬菜，如根芥菜；叶菜类蔬菜，如白菜、羽衣甘蓝；花菜类蔬菜，如花椰菜和西蓝花；花蕾类的，如抱子甘蓝和卷心菜；种子类的，如芥菜籽。芸薹属植物有时也被称为十字花科植物，这种植物的花有四个花瓣，呈十字形。

实验：植物生长需要什么

植物需要满足四个基本条件才能生长：土壤、水、空气和光。但是，其中哪一个最重要？这个简单的实验将比较每次移除一种基本因素之后的效果，看看对植物生长有什么影响。

你需要：

· 植物种子，如萝卜、豆瓣菜或芥菜种子

· 7个透明的小塑料杯或玻璃杯

· 棉球

· 纸巾

· 土壤（1～2杯）

· 沙子（一个玻璃杯杯底铺3厘米厚）

· 水

· 保鲜膜

实验步骤：

通过在不同条件下播种，并比较种子一周内的生长情况，来研究改变植物生长环境所带来的影响。

植物需要土壤吗？

4个杯子：一个底部放3厘米厚的土壤（标上"对照"），一个放沙子，一个放几个棉球，另一个放揉成一团的纸巾。每个杯子的表面撒几颗种子（如果是种植在土壤或沙子里，可以种在土表下面），然后给每个杯子浇水，只要让土壤保持湿润就行了（其他杯子也要浇同样的量）。在每个杯子的顶部盖上保鲜膜，在上面戳几个洞——这样就能保持水分，也不至于与空气隔绝。

土壤   沙子   棉球   纸巾

重要提示：因为在这个实验中，我们是要比较种子生长的培养基，所以就需要保持其他条件相同。要确保一周始终定期浇水（只在土壤看起来比较干燥的时候浇水，每一个杯子都在同一时间浇相同的量）。将杯子放在有阳光、通风良好的房间里。

植物需要空气吗？

在另一个杯子里放上土壤、种子和水，盖上保鲜膜，但不要在上面戳洞。如果不让空气进入，是无法打开盖子加水的。所以要确保一开始就有充足的水分（不要太多！），可以将它与第一组的对照组相比较。放在前四组的旁边——这意味着它可以得到光照。

植物需要水吗？

在另一个杯子里放上土壤、种子，覆盖保鲜膜，在上面戳洞，不要

加水，把它和其他5个杯子放在一起。你可以把这个杯子和第一组的对照组进行比较，对照组是浇水的。

植物需要光吗？

第七个杯子里放上土壤、种子和水，然后盖上一层保鲜膜，在上面戳洞。将杯子放置在黑暗、通风良好的地方（如橱柜内）。别忘了浇水！

会发生什么？

种子在没有土壤的情况下可以正常发芽，所以在所有测试植物生长是否需要土壤的杯子中都可以出苗。但如果没有空气、水或光，植物就不能很好地生长。如果把它们放置超过一个星期会发生什么？幼苗在不同培养基中的生长是否有所不同？

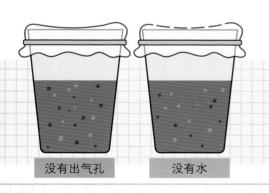

没有出气孔　　　没有水

橱柜中

发现：破纪录的蔬菜

上一节的实验证明，植物生长需要水、光和空气。没有土壤的情况下，种子也可以萌芽。然而，植物一旦发芽，就需要更多的营养。含有均衡的营养和矿物质的土壤是植物持续生长的必要条件。

土壤本身含有氮、磷、钾和钙等营养物质。得不到这些营养物质时，植物就会因缺乏营养而无法正常生长，会出现叶变色、生长缓慢、斑叶、茎部开裂、果实腐烂或产生皱褶的现象。水果和蔬菜尤其容易受到营养物质缺乏的影响，所以农民要小心，预防作物出现这些情况。

破纪录的蔬菜：下列蔬菜，哪一种比你高或比你重？

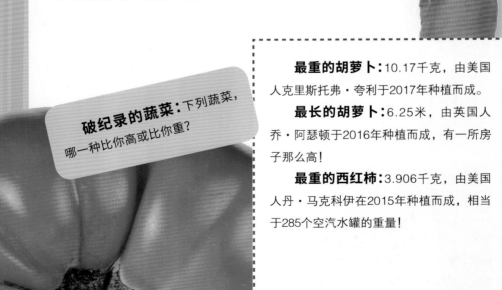

最重的胡萝卜：10.17千克，由美国人克里斯托弗·夸利于2017年种植而成。

最长的胡萝卜：6.25米，由英国人乔·阿瑟顿于2016年种植而成，有一所房子那么高！

最重的西红柿：3.906千克，由美国人丹·马克科伊在2015年种植而成，相当于285个空汽水罐的重量！

最重的南瓜：1 190.23千克，由比利时的马赛厄斯·威廉米斯在2016年种植而成，比一头公牛还重！

　　园丁和农民常使用由有机物质或化学合成物质制成的肥料来提高土壤中的养分水平。在同一土壤中反复种植作物会导致土壤矿物质含量降低（防止这种情况发生的方法见第124页），大雨和洪水也会冲走养分，导致出现同样的情况。

最长的黄瓜：107厘米，由英国的伊恩·尼尔于2011年种植而成。

最重的卷心菜：62.71千克，由美国人斯科特·A.罗伯于2012年种植而成。

巨大的蔬菜

　　如果你将来既要植物丰收，还要博得名声，其中一种方法是种植巨型蔬菜。通过仔细选择适当的品种，并人工为植物授粉，结出果实后选择用哪些植物的种子再进行繁殖，你就能种出越来越大的蔬菜。你还需要给植物提供充足的阳光、水和空气，优质肥沃的土壤，良好的通风（让水分和营养物质能到达根部），以及充足的生长空间。

实验：蘑菇孢子指纹

蘑菇被人们当作蔬菜，但它们与我们吃的大多数其他植物有很大的不同。蘑菇是真菌的子实体，是真菌为了制造和传播孢子而产生的。真菌利用孢子来进行繁殖。

孢子很小，是由单个细胞组成的粉末状物质。这些物质从蘑菇的菌褶底部落下，被蘑菇蒸发的水分和风带走，这样一来，就可以降落到其他地方，长成新的蘑菇。科学家们利用孢子的这种自然特性制作出一种叫作"孢子印"的图片，可以根据产生的图像的形状和颜色来识别不同的蘑菇。

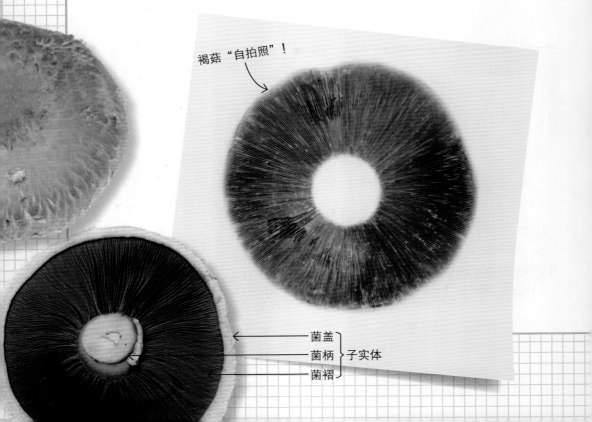

褐菇"自拍照"！

菌盖 ⎤
菌柄 ⎬ 子实体
菌褶 ⎦

你需要：

· 成熟、新鲜的大平菇（请成年人帮助）

· 空白的白纸

· 发胶或其他喷雾固定剂（可选）

必须有成人进行监督

实验步骤：

1. 蘑菇的下面应该看得见黑色的孢子。你需要把菌柄去掉，将其放平。

2. 将蘑菇的菌褶一面朝下，放在一张纸上，用玻璃杯或碗盖住，不要动。

3. 放置几个小时，如果可以就放置一夜。

4. 拿开碗，小心地拿起蘑菇。从蘑菇下面落下的极小的黑色孢子会在纸上形成蘑菇的图像。不要弄乱图像！

5. 可以使用发胶或其他定型喷雾来固定图像（从远处喷，以免弄乱孢子），以便保存。

有些蘑菇有毒！

食用蘑菇已有几个世纪的历史，但是我们也不应随便采个蘑菇就吃。有些种类的蘑菇毒性极强，食用后会导致疾病、出现幻觉甚至死亡。如果要吃不是在超市买的蘑菇，应确保身边有一个对蘑菇很了解的人！

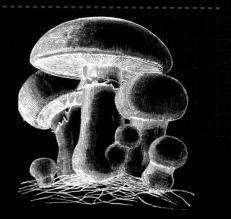

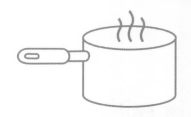

发现：马铃薯

马铃薯是一种重要的食物，也是世界上最大宗的蔬菜作物。2017年，全球马铃薯产量为3.88亿吨。在这节内容里，我们可以找到许多关于马铃薯的知识。

马铃薯本身是一种块茎，这种块茎是植物的组成部分，是由茎的地下部分长成的圆形块状茎，专门用以储存营养物质。

马铃薯植株的地上部分和西红柿很相似，它们都属于茄科。茄科还包括茄子和烟草。马铃薯开花授粉后，就会结出一种绿色的、不可食用（有毒）的小果实，它的外观类似于西红柿。

马铃薯的地上部分有叶和花

马铃薯块茎富含淀粉，冬天白昼变短、日照减少，植物就可以利用这些营养越冬了。

马铃薯有很多品种，包括红色的、黄色的、白色的，甚至紫色等不同颜色的马铃薯。烹饪时，我们将其分为粉质马铃薯和蜡质马铃薯，前者含有更多淀粉，适合烘烤和捣泥，后者更适合炖煮。

马铃薯可以用来做薯条、薯片和马铃薯煎饼，可以煮着吃、烧着吃、烤着吃、捣碎吃，还可以做成炖菜、沙拉和砂锅菜。马铃薯还可以用作食品加工中的增稠剂或黏合剂。

马铃薯的脂肪含量相对较低，它的外皮和外层茎肉含有大量纤维素。

很多马铃薯菜肴都要油煎，或者加入黄油或奶油，这样会让马铃薯菜肴变得不太健康。不过，马铃薯烘烤或煮熟作为配菜食用，对我们的身体很有好处！马铃薯是有益于健康的抗氧化剂，是维生素和矿物质的良好来源。

马铃薯有"眼睛"！

在马铃薯的表面，你会发现有一些"芽眼"，这些芽眼可以长出新的马铃薯植株。如果把马铃薯放在黑暗的橱柜里，时间稍微长一些，马铃薯会认为自己已经被种下了，可能会开始发芽！为了避免这种情况，应把马铃薯贮存在凉爽（温度低于5℃）和干燥的地方。有的商店里卖的马铃薯经过了特殊处理，以防止这种情况发生。

学习：光合作用

呼吸作用消耗氧气、产生二氧化碳，光合作用产生氧气、消耗二氧化碳。每一种生物都要呼吸，但只有植物才能进行光合作用（某些种类的细菌也可以）。地球表面的大多数生物都能吸入氧气、释放二氧化碳，而植物还能进行恰恰相反的过程。

用下面的判断题测试一下你对光合作用的了解吧！

判断正误

1. 植物产生的二氧化碳比吸收的要多。

2. 一个人产生的二氧化碳相当于8棵树所能吸收的二氧化碳。

3. 在房子周围摆放一些植物可以使空气更清新。

4. 一片叶子每小时释放约5毫升氧气。

5. 树叶在秋天变成黄色，是因为它们不再产生叶绿素。

6. 植物在黑暗中也能进行光合作用。

7. 只有植物、某些细菌可以通过光合作用制造养料。

8. 二氧化碳通过每片叶子表面的气孔进入叶片内部。

9. 有红叶的植物不含叶绿素。

10. 每分钟就有30个足球场大小的雨林被砍伐。

（答案见第141—142页）

什么是温室效应？

二氧化碳和其他气体被排放到大气中，这就像温室一样，把原本可能散发出去的热量截获下来，从而提升了地球的温度。请查看第118—119页，以了解更多信息。

学习：马铃薯

你对马铃薯这种常常吃的食物了解多少呢？试试我们的马铃薯小测试，看看你是否能得出正确答案。

小测试：马铃薯

1.马铃薯属于植物的哪部分？

a.茎

b.果实

c.根

d.种子

2.马铃薯属于茄科。下列哪一个不属于这个科？

a.烟草

b.龙葵

c.番茄

d.甘薯

3.块茎这个词来源于拉丁语单词"tuber"，它的意思是什么？

a.下方，再往下

b.块状，隆起物，膨大

c.土，土地，土壤

d.储存，库存，库房

4.马铃薯果肉中水的比例是多少？

a.59%

b.69%

c.79%

d.89%

5.平均每株一次可以结多少个马铃薯？

a.2～5个马铃薯

b.5～15个马铃薯

c.15～25个马铃薯

d.25～30个马铃薯

6.最大的马铃薯有多重？

a.900克（相当于一袋糖的重量）

b.2.49千克（相当于17根香蕉的重量）

c.4.98千克（相当于8个篮球的重量）

d.5.44千克（相当于54个蓝莓松饼的重量）

7.马铃薯这种大宗作物在什么时候收获？

a.7月

b.8月

c.9月

d.10月

8.马铃薯大概有多少个品种？

a.200

b.400

c.2 000

d.4 000

9.马铃薯在公元前8 000～前5000年被驯化，它是在哪里被驯化的？

a.南美洲

b.非洲

c.北美洲

d.欧洲

10.需要吃多少个马铃薯能得到相当于吃100克普通巧克力所含的能量？

a.2～3

b.6～7

c.8～10

d.12～15

（答案见第142页）

发现：香草和调料

我们经常可以看到植物以香草和调料的形式出现在厨房里，这是一种味道比较浓郁的食物，使用较少的量就会给一道菜带来很特别的风味。

草本植物

植物学上，草本植物是指那些没有木质茎的、带有绿色枝叶的植物，多数草本植物的地上部分在每个生长季节之后都会凋零。草本植物可以是一年生、二年生或多年生。

一年生草本植物：从发芽到结籽在内的生命周期只持续一年的植物。到了年底，这种植物就会死去，留下种子长成新的植物。

两年生草本植物：生命周期为两年的植物，在较冷的月份有一个休眠期。

多年生草本植物：寿命超过两年的植物，秋天枯萎，春天复生。其根系可以在地下存活。

香草中含有的化合物赋予其强烈的风味和气味。捣碎或切碎叶子时，这些物质就会释放出来。很多香草并没有什么味道，而当你用手指摩擦它们的叶子，使它们的细胞破损，化学物质释放到空气中，就能闻到气味了。

你喜欢吃香菜吗？

香菜是一种绿色多叶草本植物，广泛用于拉丁美洲和中东地区的烹饪中。香菜有一种独特的味道，有些人觉得它比其他香草更与众不同。但在世界上的某些地方，由于香菜基因发生了突变，高达20%的人认为香菜有一种令人厌恶的肥皂味。世界上这种现象最少见的地区（2%~3%的人口）是拉丁美洲和中东地区！

调料

调料不是活的植物，而是从植物的不同部位摘取的。其中包括干燥粉末状的植物种子和荚果，根和树皮。有的调料能够使食物辛辣或芳香，风味浓郁。

为什么辣椒那么辣？

辣椒和其他一些辛辣食物都含有一种被称为辣椒素的分子，能刺激皮肤和舌头上感知热度和疼痛的部位。这是一种植物的防御机制，用来阻止某些动物吃掉它们的果实——事实证明，人类太喜欢吃辣椒了，可不会被吓到。

不同品种的辣椒以及果实的不同部位，辣椒素含量也不相同。辣椒籽和其中白色的果肉部分通常最辣。一般来说，较大的青椒往往不那么辣，而较小的红辣椒则有可能让你吃一口就痛苦不堪。辣椒有数百种颜色，有红色、绿色、橙色、黄色、紫色甚至黑色，大小从1厘米到30厘米不等。

种子和白色的果肉是最辣的！

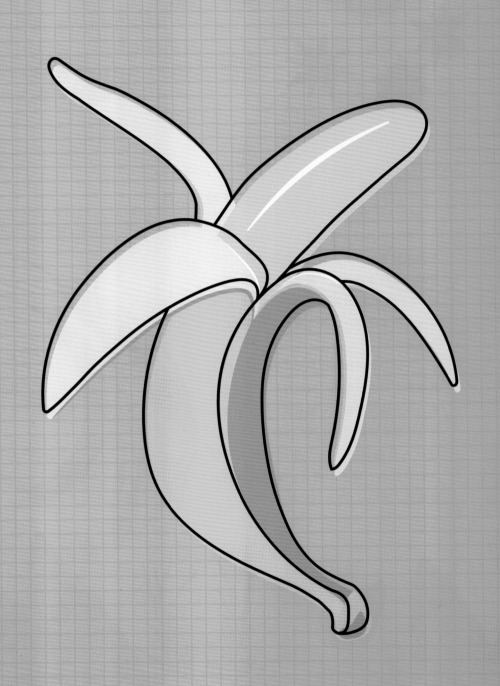

第二章
食 品

发现

学习

实验

发现：酵母菌

酵母菌是一种单细胞生物，即每个酵母菌细胞都是一个独立的单位。酵母菌是一种真菌，它的细胞（正如我们在第5页看到的）很像动物细胞，有细胞核、细胞质、核糖体和线粒体，也有细胞壁，可以把细胞结构包在一起。

酵母菌可用于制作各种食物，包括多种面包、年糕、甜点和醋。酵母菌细胞可以使碳水化合物（如糖类）发酵，并产生二氧化碳。面包师用的酵母菌的拉丁名称是 *Saccharomyces cerevisiae*，意思是"吃糖的菌"。

发酵过程是酵母菌这种生物体自然生命周期的一部分。将酵母菌及其食用的糖加到面包或油酥面团中，由此产生的二氧化碳在面团内部形成气泡，使面团发生膨胀。

酵母菌有500多种，不同的品种适合生存在不同的环境中。酵母菌能否生存取决于其环境的温度、湿度、营养、酸碱度等。常见的酵母菌是干制品，以粉末的形式出售，但这种粉末的形式并不意味着酵母菌已经死亡，而是一直保持休眠的状态，直到加入温水，酵母菌细胞才被激活。

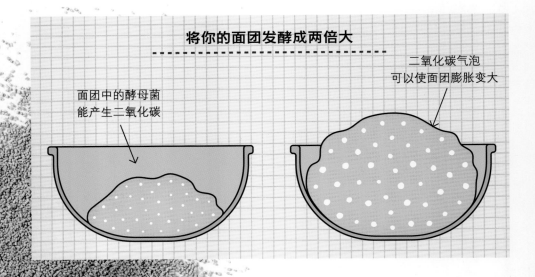

将你的面团发酵成两倍大

面团中的酵母菌能产生二氧化碳

二氧化碳气泡可以使面团膨胀变大

"把我发起来"

我们平时吃的蛋糕是用小苏打来产生二氧化碳气泡，使蛋糕发酵。小苏打是碳酸氢钠的俗称，在烘烤蛋糕的过程中，小苏打被加热后分解，释放出二氧化碳气体。小苏打可以和酪乳、柠檬汁或可可等酸性佐料一起使用，这样会获得更佳的起泡效果。

直到19世纪40年代，小苏打才被用作膨松剂。在此之前，面包师用酵母菌制作蛋糕和面包，通过给酵母菌添加糖进行发酵。传统发酵面包用的是细菌（乳酸菌）和酵母菌的混合物，与用酵母菌的方法类似。

和发酵面包一样，许多现代蛋糕和其他烘焙食物——包括甜甜圈、肉桂面包和松脆饼——的配方中仍在使用酵母菌。

酵母膏

酵母膏是由死亡的酵母菌细胞制成的，其细胞壁已经因为添加盐和被加热而破坏。释放出的酶可以分解酵母菌细胞中的蛋白质，产生一种具有强烈香味的物质，可以用作高汤、酱汁、肉汁的调味料。这就是为什么烧烤味的薯片会有这些香味！在英国、德国和澳大利亚，酵母膏被做成一种深褐色酱（马麦酱、咸味酱）出售，有时也用来制作热饮。

实验：酵母菌和气球

在适当的条件下，酵母菌可以产生二氧化碳，面包师利用这种反应来制作面包和其他烘焙食品。这个实验主要研究酵母菌在什么条件下能产生最多的二氧化碳。

在塑料瓶的颈部放置一个气球，就可以收集酵母菌产生的所有二氧化碳。然后，通过比较在不同条件下气球的大小，就可以知道哪些条件下酵母菌会产生更多或更少的二氧化碳了。

你需要：

- 6个大小相同的塑料瓶
- 6个气球
- 酵母菌
- 盐
- 糖
- 水
- 漏斗

实验步骤：

如下图所示，拿6个瓶子，将略有不同的材料加入以后，在每个瓶子的颈部迅速绑一个气球。观察接下来的5~10分钟将会发生什么。

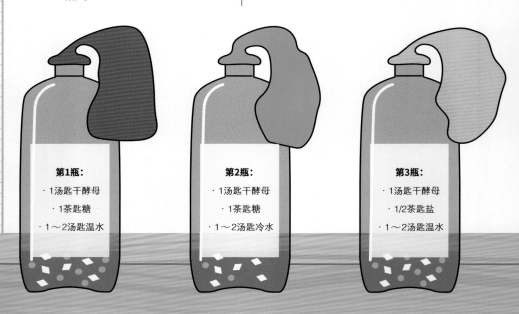

第1瓶：
- 1汤匙干酵母
- 1茶匙糖
- 1~2汤匙温水

第2瓶：
- 1汤匙干酵母
- 1茶匙糖
- 1~2汤匙冷水

第3瓶：
- 1汤匙干酵母
- 1/2茶匙盐
- 1~2汤匙温水

会发生什么？

第1瓶中的酵母产生的二氧化碳应该最多，而且气球也应该最鼓。温暖的环境，加上有糖为酵母菌提供营养，这两点是酵母菌发酵最理想的条件。第2瓶加入的是冷水，酵母菌可能会产生一些二氧化碳，但不会像第1瓶那么多。第3、4瓶有盐，但没有糖；第5、6瓶中也没有糖，所以都不会产生二氧化碳。

在用酵母菌生产食品和饮料的工厂里，工人必须仔细监测温度、糖和酵母菌的比例，这样才能获得最理想的发酵效果。根据使用的酵母菌种类，发酵的最佳温度应在15~35℃。在面包制作中，使用酵母菌的面包师还会进行另外一个步骤，叫作"醒发成型"，这个过程可以让酵母菌有足够的时间在温暖的环境中进行发酵。

效果良好的实验

以这样的方式改变实验条件——保持所有其他因素不变，每次改变一种因素，对于设计好的实验很重要。如果改变两种因素，就不知道所改变的两种因素中的哪一种导致观察到的结果发生了变化。

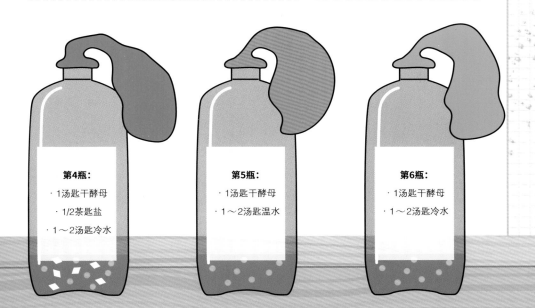

第4瓶：
· 1汤匙干酵母
· 1/2茶匙盐
· 1~2汤匙冷水

第5瓶：
· 1汤匙干酵母
· 1~2汤匙温水

第6瓶：
· 1汤匙干酵母
· 1~2汤匙冷水

发现：扩散与渗透

所有的生物都会发生两个重要的过程，细胞和有机体内的物质通过这两个过程进行转运。一个过程是扩散，另一个过程是渗透。

扩散

你可能知道，如果把一滴墨水滴到一杯水中，墨水就会散开。这种过程叫作扩散，扩散可以发生在浓度不同的物质间。在被滴入水中前，墨水的浓度较高；当被滴入水中时，墨水的浓度在降低。

随着墨水分子的运动，浓度会变得更加均匀：分子从高浓度区域移动到低浓度区域，从而达到均衡。只要有足够的时间，墨水就会均匀地散布在杯子里，使整杯水的浓度都一样。

扩散也发生在活的有机体内部，例如，在肠道中，营养分子可以通过肠壁扩散到血液中。（请参阅第76—78页，了解更多关于食物是如何被人吸收的知识。）另一个例子是在肺部：当肺部的氧浓度高而血液中的氧浓度低时，氧气就会扩散到血液中。

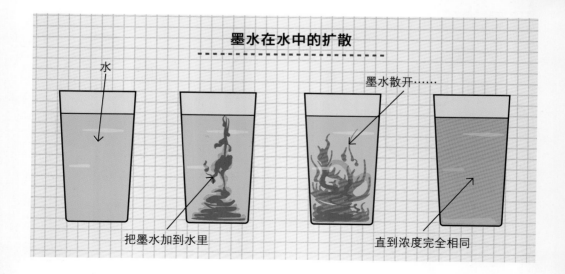

墨水在水中的扩散

水

墨水散开……

把墨水加到水里

直到浓度完全相同

浓度

一种物质溶解在像水这样的液体中时，其浓度就是该物质在一定体积液体中的量。例如，把20克盐放入1升水中，盐浓度就是每升水20克。

知道物质的质量和液体的质量，就可以算出浓度百分比。如果把20克盐加到80克水里，会得到20%的盐溶液，计算方法如下：

$$\frac{\text{溶解物的质量}}{\text{液体质量}} \times 100\% = \text{浓度（\%）}$$

也可以计算出空气中气体的浓度，以及混合液体中不同液体的浓度。

渗透

当膜足够薄，可以让水分子通过，但能阻止更大的分子通过时，就会发生渗透作用。这种膜称为半透膜。

这种作用与扩散相反。当半透膜一侧的液体中溶入物质的浓度较高，而另一侧的液体中溶入物质的浓度较低时，渗透作用就会使水穿过半透膜，从而使两侧溶解物的浓度趋于相等。

这意味着水会从浓度低的地方流向浓度高的地方，使浓度最终变得相等（有足够的时间，就会完全相等）。

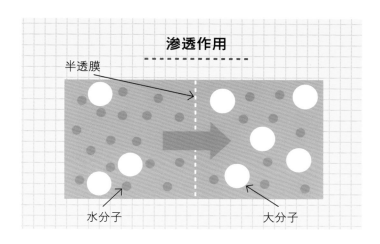

渗透作用

半透膜

水分子　　　　大分子

实验：马铃薯和渗透

植物和动物细胞的细胞膜是半透性的，水分子可以通过半透性的细胞膜，但溶解在水中的一些其他分子却不能通过，比如淀粉和糖，这就会产生渗透作用。这节内容的实验，我们可以用马铃薯细胞来探究渗透是如何发生的。

你需要：

· 大一些的马铃薯

· 水、几个玻璃杯

· 盐

· 糖

· 厨房秤和量杯

· 尺子

· 笔和标签

· 刀（请成年人帮忙）

必须有成人进行监督

实验步骤：

1. 切掉马铃薯的一头，切3片5毫米厚的薄片，把这些圆形切片叠在一起。

接着切一块10毫米厚的马铃薯，将其切成边长10毫米的正方形，再切成4份，得到4块边长5毫米的马铃薯块。

2. 取3个玻璃杯，用来浸泡马铃薯片。每一杯倒入200毫升水，然后其中一杯加入20克盐，另外一杯加入20克糖，第三杯只放水，在每个杯子里放一片马铃薯片。放置半小时。

3. 为马铃薯块配制以下浓度的盐水：10%、5%、1%和0%（清水）。99毫升水中加1克盐可以得到1%的盐溶液，所以你需要以下的参量：

10%溶液：180毫升水中加20克盐
5%溶液：190毫升水中加10克盐
1%溶液：198毫升水中加入2克盐
清水：200毫升水

4. 把马铃薯块加入水中之前，记下它们的大小（以防略大于或小于5毫米）和重量。每种溶液加一个马铃薯块，放置半小时。

开始进行实验

三片马铃薯片

马铃薯切成小方块

步骤1

糖溶液

盐溶液

水

步骤2

配制溶液

10%盐溶液

5%盐溶液

1%盐溶液

清水

步骤3

步骤4

会发生什么？

在实验的第一部分，将扁平的圆形马铃薯片放在不同的溶液中。马铃薯中含有淀粉，所以马铃薯内外的溶液浓度如下：

	水	浓盐溶液	浓糖溶液
马铃薯细胞内	一些糖	无盐	一些糖
马铃薯细胞外	水	大量盐	大量糖

渗透作用使水从马铃薯中向内或向外移动，结果是使细胞内外水中物质的浓度趋向于相同。

·在盐水中，马铃薯外部的盐浓度较高，所以水会从马铃薯细胞中脱出，来稀释外部的溶液。随着水分的流失，马铃薯会变得更软，更容易弯曲。

·在含糖的水中，外部的糖浓度较高，但差别不太大，因为马铃薯内部也有一些糖。水也会从马铃薯细胞中流出，但没那么多，所以马铃薯片可弯曲，但不会像第一片弯曲得那样多。

·在清水中，马铃薯内部的糖浓度更高，所以水进入马铃薯细胞，使得浓度趋向于均衡。这样就使马铃薯片变得更硬，不易弯曲。

在实验的第二部分，对马铃薯块进行称重和测量，然后放入水和不同浓度的盐溶液中。

· 在清水中，马铃薯细胞内的糖浓度更高，所以水会进入马铃薯内部，从而使浓度趋于均等。马铃薯块的大小和重量应该稍微增加。

· 在盐浓度较低的溶液中，马铃薯外面的溶液浓度只比马铃薯略高一点，所以会有一些水流出细胞（也有一些水会流进来，以平衡糖的浓度）。马铃薯块的大小和重量应该变化不大。

· 在高盐溶液中，外面的盐浓度高得多，所以水会流出来，稀释盐浓度，使内外的浓度更均匀。马铃薯片的大小和重量会略微减轻。

看起来似乎把马铃薯浸泡在液体中就会使它吸水，体积变大。但是，如果马铃薯外部溶液的浓度过高，水分就会通过渗透作用从马铃薯中流出来。

发现更多

渗透作用是重要的生物学过程，动植物细胞利用它来调节机体周围的水分的移动。

植物通过叶子的蒸腾作用将水分蒸发，从而将根部吸收的水分抽上来，为细胞提供水分。

动物细胞没有细胞壁，失去水分会皱缩，摄入过多水分则会破裂。

发现：细菌和霉菌

细菌是单细胞生物，而霉菌是一种多细胞真菌，由与酵母菌相同种类的细胞组成，是许多细胞连接成长的菌丝构成的。这两种菌都可见于食物中或食物周围，只有在某些时候它们才对人体有害。

有益菌

几千年来，细菌、酵母菌和霉菌一起被用于制作各种发酵食品，如奶酪、咸菜、酱油、酸菜、醋和酸奶。就像酵母菌一样，细菌也可以分解糖并产生其他物质，在食物中创造出独特的味道和口感。

酸奶是由以乳糖（牛奶中的糖）为食的细菌制作而成的。细菌将其转化为乳酸，赋予酸奶浓烈的风味，并与乳蛋白发生反应，让酸奶形成黏稠的质地。

瑞士干酪

斯蒂尔顿奶酪

奶酪的制作过程与酸奶相似，用不同种类的细菌可以制作不同种类的奶酪。有些奶酪，如切达干酪（Cheddar），只能产生乳酸，在这个过程中奶酪会产生一种清新的酸味。其他奶酪，如埃曼塔尔奶酪（Emmental），用发酵牛奶时会产生二氧化碳的细菌制作而成，这些细菌产生的气泡让奶酪有了标志性的小孔。

在奶酪制作中使用霉菌的原因：添加霉菌孢子可以使奶酪成熟。在卡门培尔（Camembert）等奶酪中，熟化发生在外侧，这就使得奶酪的外皮更硬，中间更软；对于斯蒂尔顿（Stilton）或戈尔根佐拉（Gorgonzola）这样的蓝纹奶酪，霉菌则混合在奶酪中，使其完全熟化。

霉菌能分解奶酪中的脂肪和蛋白质，产生化学物质，使奶酪的味道更浓郁、更鲜明。所有味道浓郁的奶酪都经过了某种成熟过程（干酪在加工过程中发生的一系列物理、化学变化），没有成熟的奶酪尝起来味道则很淡。

有害的和令人厌恶的菌

当然，食物中的霉菌和细菌并不总是有益的，如果不小心，细菌进入你的消化系统，可能会导致一些非常严重的症状。如果食物储存不当，霉菌就会在食物上生长。有些种类的霉菌会产生毒素，吃了这些毒素就会生病。（参见第64—67页，了解更多关于细菌和霉菌的害处，以及如何防止生出有害菌类的方法！）

这可不是你想吃的那种霉菌！

帕尔玛干酪

实验：发霉

我们周围到处都有霉菌。霉菌很小，用肉眼是看不见的，而且大多数霉菌都是无害的。霉菌是一种真菌，在适当的条件下，食物放置足够长的时间，就会产生一种肉眼可见的毛茸茸的生长物。

如果霉菌肉眼可见，就说明此时的霉菌已经形成了菌落。菌落由许多同种细胞组成，形成一个单一的有机体（菌丝体）。霉菌在生长时，可以分解食物中的糖和淀粉，并产生大量的长长的丝状细胞，这些细胞能完全穿透周围的食物。

像所有的真菌一样，霉菌通过向空气中释放孢子来繁殖。孢子可以落在任何没有封闭的物体上并开始生长。生长在食物上的霉菌会产生毒素，使食物不再能安全食用。一些过敏人群会对霉菌产生反应。

霉菌在空气流通较差、潮湿的地方生长得最好。下面的实验展示了把食物放在装有少量水的塑料袋里，放置一段时间会发生的现象。面包上本来就有霉菌的孢子，空气中的灰尘落到面包上，也有助于霉菌的生长。

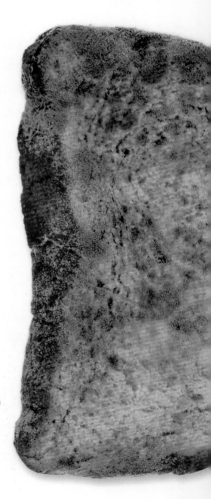

你需要：

· 1片面包
· 自封塑料袋
· 棉签
· 水
· 纸板箱或干净的用过的纸箱

实验步骤：

1. 用棉签从最近没有清洁过的物体表面沾一些灰尘，然后擦在面包片的中心。

2. 在面包片中间加几滴水，然后将面包片放在塑料袋里，把袋子封好。

3. 把密封的袋子放在盒子或纸箱里，使其处于黑暗中，并保证没有空气流动。

4. 让霉菌生长几天。每天检查几次，看看霉菌的生长情况。

会发生什么？

霉菌通常需要7~10天就能在面包上长出来。由于一直保持密封和潮湿，并且有意添加了一些灰尘，所以面包很快就会开始出现发霉的迹象。面包上的霉菌可能是白色、绿色、蓝色或黑色的。水果和蔬菜上也能长霉菌。你应该能看到面包上生长着毛茸茸的、有色的斑点，也可能会闻到刺鼻的气味。

探讨

实验的扩展！记住每次实验只改变一个变量，并设置对照。你还能想到别的变量吗？

· 新鲜面包或不新鲜的面包哪一种霉菌长得更快？
· 霉菌在寒冷的地方长得更好，还是在温暖的地方长得更好？
· 如果不加水，霉菌会不会长得慢一些？
· 烤面包片上会长霉菌吗？

实验：细菌培养

细菌太小了，不使用显微镜根本就看不到它们，所以我们需要培养菌落。这个实验能让细菌生长，这样我们用肉眼就可以看到细菌的菌落了。

我们周围到处都有少量的细菌，如果任由它们生长，就可能会带来危险。这就是为什么饭前洗手、清洁食物的表面很重要。但这个实验的目的与它正相反：我们不是要消灭细菌，而是培育一些有趣的细菌！

你需要：

· 250毫升水

· 2袋7克包装的明胶（或琼脂）

· 1包低钠牛肉汤，或2克（1/2茶匙）酵母菌提取物

· 4克（1茶匙）糖

· 隔热的大水壶

· 2～4个浅底盘（最好是玻璃的）

· 消毒棉签

· 保鲜膜

· 烤箱手套（用于处理高温液体）

必须有成人进行监督

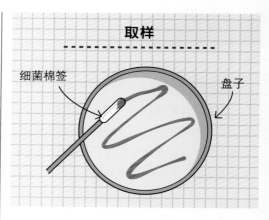

取样

细菌棉签

盘子

实验步骤：

1. 将水煮沸几分钟，通过高温杀死水中可能已经存在的细菌。（细菌无法在高温下生存）

2. 将明胶、肉汤（或酵母菌提取物）和糖在水壶里混合，然后把水倒进来（请成年人帮忙），搅拌混合物，直到物质全部溶解并冷却。在每个盘子里倒一些这种液体，制作培养基，盖上盖子或保鲜膜，将盘子放在冰箱里，冷藏保存一晚上。

3.待培养基凝固，就可以放入细菌了。每次实验都应使用单独的棉签和盘子。可以用棉签擦拭口腔、手指或任何人们触摸过的地方，比如电话、门把手或硬币。用棉签在物体上摩擦，获得样本，然后轻轻划过凝胶的表面，使细菌落下来。你看不到细菌，但细菌就在那里！

4.用保鲜膜盖住盘子，把盘子在温暖的地方放几天。

会发生什么？

你将看到菌落在明胶表面逐渐扩大。每个细菌都可以分裂成两个细菌，随着细菌繁殖，最终形成一个菌落，当繁殖的细菌足够多时，你就可以看到了。菌落看起来像一个整体，但实际上是由许多独立的有机体组成的。大肠杆菌每20分钟分裂一次，所以一个细菌在7小时后就有200多万个了！

这些东西不要吃！

食品用来培养细菌菌落时，食用并不安全！没有办法知道哪种细菌会在食物上生长，而有些细菌吃了会让你生病。应在实验时贴上标签，每次接触样本和处理细菌后，都要好好洗手，确保不会误食细菌！

细菌的识别

科学家们用这种方法来识别细菌的类型。他们不使用显微镜，而是培养出数百万的细菌，形成肉眼可见的细菌形态学菌落，从而进行识别。

寒冷、干燥、高盐的环境都会抑制细菌的生长，这就是保存食物的三种方法。相反，在这个实验中，低钠牛肉汤、水和温暖的条件都可以促进细菌生长。

学习：面包和酵母菌

你能回答这些关于发酵的问题吗？

小测试：面包和酵母菌

1.下列哪项在食品生产中用作酵母菌的食物来源？

a.煮马铃薯

b.糖

c.麦芽

d.以上所有

2.酵母菌种的拉丁名Saccharomyces cerevisiae是什么意思？

a."面包师的助手"

b."糖和香料"

c."吃糖的菌"

d."增甜剂"

3.有记载的最早使用酵母菌烤面包的古代文明是哪个？

a.古埃及

b.古巴比伦

c.古罗马

d.古希腊

4.下列哪一种食品不是用酵母菌做的？

a.甜甜圈

b.国王蛋糕

c.玉米饼

d.肉桂面包

5.酵母菌将糖转化为二氧化碳的过程叫作：

a.发酵

b.碳化

c.糖化

d.Omnomnomation（一种食物加工过程）

6.酵母菌细胞在以下哪种条件下不能存活？

a.太多盐

b.太多糖

c.太多酒精

d.以上所有

7.以下哪一种选项没有使用酵母菌？

a.生产无酒精饮料

b.小苏打面包

c.治疗腹泻

d.鱼缸和水族馆

8.如果要使用干酵母，在使用前如何"激活"它？

a.电击

b.浸泡在温水中

c.为酵母菌读任务简报

d.加入大量的盐

9.营养酵母已失活（被杀死），有时被添加到食物中，是为了：

a.增加奶酪或坚果的味道

b.产生二氧化碳使面包发胀

c.增加色彩

d.提高食物中盐、脂肪和糖的含量

10.酵母菌被归类为：

a.细菌

b.哺乳动物

c.病毒

d.真菌

（答案见第142—143页）

学习：细菌和霉菌

世界上有许多种类的细菌和霉菌，其中有一些存在于我们周围的环境中。但你对细菌和霉菌了解多少呢？用下面这些问题来测试你的知识量吧。

小测试：细菌和霉菌

1.在下列选项中，圈出能使细菌生长得更快的因素，划掉会抑制细菌生长的因素。

在热烤箱里	潮湿的环境	低盐水平
温暖的环境	干燥的环境	有糖、淀粉和蛋白质
在冰箱中	高盐水平	不含糖、淀粉或蛋白质

2.下面哪些特性适用于细菌，哪些适用于霉菌？（注意：其中一些适用于两者，有的两者都不适用！）

	细菌	霉菌
单细胞生物		
形成长菌丝		
通过分裂进行繁殖		
通过释放孢子繁殖		
人们认为是一种微生物		
有许多不同的形状和形态		
可以使食物变质		
通常都有一个帽子		
可以用来做奶酪		
太小了，除非进行培养，否则看不见		
温度过低时不能生长		

（答案见第143页）

实验：制作酸奶

在我们的生活中，并不是所有的细菌都是有害的。事实上，有些细菌可以用于制作食物，比如，可以用细菌制作酸奶。制作酸奶非常简单，你也可以在家做！

你可能认为找到合适的细菌很难，事实上，酸奶的基本配料之一就是现成的细菌！这是找到制作酸奶的细菌的最简便途径，但所用的酸奶必须是"活酸奶"，即没有经过高温处理（巴氏消毒）的酸奶，因为高温处理会杀死酸奶中的细菌。

你需要：

· 2升牛奶（脱脂、半脱脂或全脂的都可以）

· 100克奶粉（如果想要较浓的酸奶，可选）

· 100毫升原味活酸奶

· 平底锅

· 温度计

· 搅拌碗

· 手工搅拌器

· 保温瓶或保鲜膜、干净的毛巾

· 无菌密闭容器（如玻璃瓶或咖啡罐）

必须有成人进行监督

巴氏消毒法

对牛奶进行加热会杀死牛奶中的所有细菌，其中也包括有害的细菌，因为细菌在高温下无法存活，这个过程称为巴氏消毒，得名于它的发明者——科学家路易斯·巴斯德。在这个实验中，牛奶必须冷却后再加入酸奶，否则高温也会杀死有益细菌！

实验步骤：

1. 在平底锅中把牛奶加热至80℃左右（请成年人帮忙）。如果没有温度计，当牛奶冒蒸汽，边缘冒泡时，就把火熄灭。

2. 把热牛奶倒进搅拌碗里，冷却到46℃。

3. 拌入活酸奶。（如果想要更浓的效果，这时也可以加入奶粉。）

4. 现在要把酸奶放在温暖的地方。可以倒进罐子里，然后放进烤箱里，只打开指示灯。或者用保鲜膜盖住碗的顶部，在上面放一条毛巾，然后放在家里温暖的地方。

5. 6~8小时（或隔夜）后，酸奶就会变得浓稠。将酸奶倒入无菌、密闭的罐子里，放入冰箱。

会发生什么？

你添加的酸奶中含有嗜热链球菌（*Streptococcus thermophilus*）和德氏乳杆菌保加利亚亚种（即保加利亚乳杆菌）。这些无害的细菌以牛奶中的乳糖为食，通过发酵将其分解，产生乳酸。

正如第46—47页的实验所表明的那样，酵母菌在发酵时喜欢温暖的条件，细菌也是如此。这就是为什么要使用温热的牛奶。事实上，"thermophilus"（来自希腊语：thermos意思是"热的"；philos的意思是"喜欢"）大致可以翻译为"喜欢温暖"！

乳酸赋予酸奶一种独特的风味，并与牛奶中的蛋白质发生反应，使其变稠成为酸奶。

发现：食物变质和食物中毒

虽然真菌和细菌在食物生产中有很多用途，但是也会导致多种类型的食物腐烂。储存食物时要小心，因为随着时间的推移，腐烂会导致食物失去营养价值、变味，而且可能产生毒素和有害微生物。如果食用腐烂的食物，就可能会导致疾病、身体受损害甚至死亡。

食物变质

食物变质的原因有很多，暴露在光、热和空气中都能改变食物的颜色和味道。酶是使得食物更快发生化学反应的蛋白质或RNA，在食物被放置太久的情况下，酶可以不断发生化学反应。例如，当香蕉成熟时，使它从绿色变为黄色的酶会继续发挥作用，最终使香蕉变黑。

最常见的食物腐败是由微生物——细菌和霉菌引起的。如果食物暴露在空气中，真菌的孢子和细菌就会落在食物上，在适当的时间和条件下，食物上极少量的真菌的孢子和细菌就会开始繁殖。

有些细菌只会导致食物变质。例如，当牛奶变酸时，是细菌将牛奶中的乳糖发酵成了乳酸，从而产生了酸味。一些其他类型的细菌则是病原体，它们会导致疾病的发生。如果食用这些细菌太多，就会生病。

我们很难判断食物中是否含有细菌，因为它们太小了，肉眼无法看见。畜禽的生肉、鱼、贝类、奶制品和鸡蛋是沙门氏菌或大肠杆菌极好的滋生地。

霉菌长在食物的某一部位，通常意味着食物中已经到处有长菌丝了。像面包这样柔软多孔的食物尤其如此。即使切掉了明显发霉的部分，仍然可能有看不见的霉菌。

食物中毒

身体的免疫系统可以应对少量的微生物。不过，如果你吃的食物没有经过谨慎的处理，细菌有可能严重地侵害我们的身体，引发的症状包括恶心（感觉不舒服）、腹泻、呕吐、胃痉挛、38℃以上的发烧、疲劳、疼痛和发冷。呕吐和腹泻是为了尽快将这些令人不适的细菌从消化系统中清除出去。

尽管这一切听起来很可怕，但是也有好消息——食物变质和食物中毒很容易就能预防。翻到下一页，看看是怎样预防的！

发现：保证食物的安全

虽然细菌和霉菌会导致严重的食物问题，但你可以做很多简单的事情来阻止食物被细菌和霉菌侵占。

除非细菌已经在食物上长成了菌落，否则我们的肉眼是看不到的。所以，需要采取预防措施，不要让它们有机会生长。我们已经了解了细菌、霉菌和其他真菌的生物特性，这里有一些简单的方法，可以防止微生物蔓延。

食物应进行冷藏。虽然低温不会杀死细菌和霉菌，却能抑制它们进行繁殖。应把新鲜的食物冷藏或者冷冻在冰箱里，抑制微生物生长和繁殖。

正确烹煮。高温能杀死许多微生物，分解它们的蛋白质。烹饪食物时，应该确保温度一直保持在73℃以上，这样能杀死绝大部分的细菌。

不要买太多。买食物的时候，计划好什么时候食用，确保不会把食物放置太久。新鲜的食物贴上"此日期前食用"的标签，可以帮助你尽快吃完新鲜的食物。

趁热吃。当温度在4℃和60℃之间时，细菌生长最快。这是危险的温度阈值！为了保证食物的安全，要么把食物放在冰箱或冰柜里保持低温，要么趁热吃。如果是在自助餐厅里吃的话，可以用慢炖锅或火锅进行保温。

小心处理。水果和蔬菜的裂缝和擦伤通常是细菌和霉菌较容易生长的地方，凹陷的罐头和破损的包装可能会使里面的食物坏掉。记住：日常用品不是我们常踢的足球，所以不要乱扔！

保持密封！细菌和霉菌等微生物通常需要氧气来呼吸，所以如果把食物紧紧地包裹起来，就会阻止氧气进入，也会阻断里面的细菌接触氧气。为保持密闭状态，可以使用带盖子的罐子或坛子，可密封的塑料盆和防水布包，或者也可以在碗上盖一个盘子。

洗手。你可能觉得从小就一直在听这句话，但是，洗手对防止食物中毒的确非常重要！像大肠杆菌和沙门氏菌这样的细菌天然存在于人类的肠道中。上完厕所不洗手是细菌混入你的食物的主要方式，要么直接地接触在食物上，要么通过你接触过的东西混入食物中。在准备或食用食物之前，或接触过脏东西之后都应洗手，这对防止细菌感染至关重要。在生病的时候，尤其要勤洗手。

不要冒险。食物在4℃以上的温度下放置超过2小时，就应该扔掉。即使你打算晚点重新进行烹煮，食物上的微生物也会产生有毒的化学物质。细菌或霉菌能被高温杀死，但仍会残留毒素，可能导致消化不良或呕吐。如果不确定，应在吃之前闻一闻食物。如果闻起来有异味，就表明不应该吃了。

实验：食品测试

存在于食物中的基本物质有蛋白质、糖类、淀粉和脂肪。我们可以通过各种测试来确定食物样本中含有哪些成分。其中一些物质你在家就可以做测试！查看第86—87页，可以了解更多关于这些营养物质的知识。

蛋白质

蛋白质是由更小的氨基酸组成的。从细胞修复到复制，蛋白质在许多生理过程中都是必不可少的。酶、DNA分子和许多细胞结构的主要成分都是蛋白质。

蛋白质存在于畜禽肉、鱼、奶、蛋、种子、坚果、豆类和其他豆科植物中。

科学家使用双缩脲试剂来检测蛋白质。这种试剂是氢氧化钠和硫酸铜等的混合物，通常是蓝色的。与蛋白质发生反应时，试剂颜色会变成粉紫色或淡紫色。

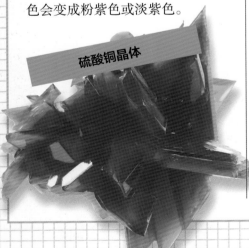

硫酸铜晶体

糖类

我们的身体利用糖类进行呼吸作用（见第24—25页）。各种糖中，葡萄糖最常见。水果中含有果糖，牛奶中含有乳糖，蔗糖（由葡萄糖和果糖组成）则天然存在于甘蔗等植物中。

糖类存在于水果、糖果、加工食品、酱汁和饮料中。

检测单糖使用本尼迪克特试剂，这是一种硫酸铜、柠檬酸钠和无水碳酸钠的混合物。如果把这个试剂添加到糖中，它会根据糖的含量由蓝色变为绿色、黄色或橙红色。

淀粉

淀粉分子是葡萄糖分子连接在一起形成的长链。淀粉不像葡萄糖，尝起来不甜，但却储存着能量。

淀粉存在于面包、米饭、意大利面、马铃薯和各类谷物中。

淀粉的检测

- -

　　如果想检测一种食物是否含有淀粉，最简单的方法是使用碘。可以从药店买到瓶装碘。碘可以用作防腐剂。碘溶液通常是黄褐色的，但在淀粉的作用下会变成蓝紫色。可以用一滴碘液测试小份食物是否含有淀粉。（滴过碘液的食物就不要吃了！）

 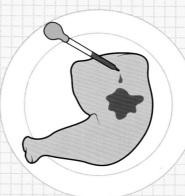

脂肪

　　脂肪内含有大量的能量。脂肪可以用来储存能量。脂肪能溶解在酒精中，但不溶于水。这就是油和水不能混溶的原因。油是由脂肪分子组成的。

　　脂肪存在于油、乳制品、蛋和坚果中。

　　要测试固体食物是否含有脂肪，可以使用一张纸。用食物在纸表面摩擦，纸上形成一个半透明的斑块，就表示含有脂肪。

发现：鸡蛋里有什么

- -

　　我们常看到鸡蛋被用于烹饪，同时，它们在生物学上也很令人感兴趣。用产卵的方式繁殖的动物被称为卵生动物，包括鸟类、爬行动物、两栖动物和大多数鱼类。卵由单个细胞形成，它们在受精后就会长成动物幼崽。

为什么要有卵？

　　卵生动物利用卵进行繁殖，在产卵前或产卵后受精。幼崽在卵内发育，位于母体之外。卵生动物不像哺乳动物那样在子宫内生长。

　　未受精的卵不会长成幼崽。在我们人体内，未受精的卵细胞每月会随着女性的月经排出体外。人们将未受精的鸡蛋出售，即鸡蛋里没有正在发育的小鸡（用光线从一端向另外一端照，可以检查鸡蛋里是否有东西在生长）。

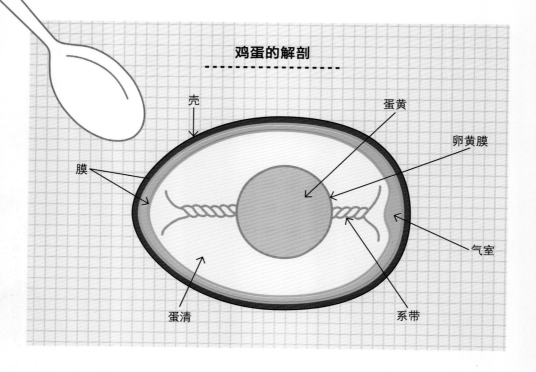

鸡蛋的解剖
- - - - - - - - - - - - - - - - -

壳　　蛋黄　　卵黄膜　　膜　　气室　　蛋清　　系带

鸡蛋里有什么？

鸡蛋的外壳主要是由碳酸钙组成的，里面是一层主要由角蛋白构成的膜（由和你的头发同样的蛋白质组成），这层薄膜是半透性的固体，能让空气和水分通过，同时也能阻挡细菌和灰尘进入。一个鸡蛋的表面大约有17 000个气孔！

膜里面是蛋清，也叫蛋白，主要由水和少量蛋白质组成；蛋白里面是蛋黄，包在另一层膜里。蛋黄富含脂肪、蛋白质、维生素和矿物质，是发育中的雏鸡的营养来源。

鸡蛋还含有一个胚盘，是在卵黄表面一个白色的、圆圆的点。胚盘受精后会发育成小鸡。在蛋的一端有一个气室，这是鸡在下蛋后，蛋中的物质冷却收缩时形成的。

随着时间的推移，鸡蛋中的气室会越来越大。如果把鸡蛋放在清水里，新鲜的鸡蛋会沉到水底，不新鲜的鸡蛋会浮到水面。有些人用它来测试鸡蛋是否已经变坏。虽然这样的实验可以提示你鸡蛋有多新鲜，但最好的检查方法是敲开鸡蛋，闻闻是否有异味！

其他蛋类

除了鸡蛋，人们还食用其他的蛋类，包括鸭蛋、火鸡蛋、鹅蛋（蛋壳更厚，蛋黄更大，味道更丰富）、鹌鹑蛋（小而味道清淡）和鸵鸟蛋。鸵鸟蛋很大，重约1.3千克，这也使它成为生物学上最大的单细胞！鸸鹋的蛋是墨绿色的，上面有绿色斑点，而且里面的东西很黏稠，即使把蛋切开也不会流出来。鱼卵，称为鱼子，可以作为食物食用。

鸡蛋中还含有一块白色的纤维状螺旋形组织，称为系带，可以将蛋黄固定在合适的位置。当鸡蛋中的蛋黄旋转时，系带就会盘绕起来，并像带子一样连接到蛋黄周围的膜上。系带可以安全食用，但有些厨师会取下来，以保持酱汁的顺滑。

实验：制作一个橡胶似的皮球鸡蛋

醋中含有一种叫作乙酸的弱酸，也叫醋酸。酸会和像鸡蛋壳中的碳酸钙这样的碳酸盐发生反应。用这两种厨房中的主要原料就可以做一个简单而有趣的科学实验：把鸡蛋变成皮球！

你需要：

· 1个鸡蛋——不一定要煮熟，但是如果想确保不会弄得一团糟，可以先煮熟

· 1个小玻璃杯

· 白醋（足够盖住玻璃杯里的鸡蛋，2份）

实验步骤：

1. 把鸡蛋放在玻璃杯里，用醋没过鸡蛋。在杯子上贴上标签，这样就没人喝了（家里人应该可以注意到醋的味道，但安全总比后悔好），然后放置24小时。

2. 鸡蛋周围会出现气泡。用水把鸡蛋洗干净，操作时要小心。然后把鸡蛋放回去，在玻璃杯里重新用醋没过鸡蛋。

3. 等待6天，然后把鸡蛋洗干净。

我不能喝

白醋

气泡

会发生什么?

你会觉得这个鸡蛋有点不一样（和新鲜的鸡蛋相比）。它的蛋壳没了，鸡蛋摸起来像橡胶。

通过以下方法进行研究:
· 摇动鸡蛋
· 挤压鸡蛋（轻轻地!）
· 从几厘米高的地方丢到水槽底部
· 确保安全时，从更高的地方丢下去
· 沿着桌子滚动

为什么鸡蛋会变得像橡胶一样?

鸡蛋的外壳主要是由碳酸钙组成的，碳酸钙可以被醋中的醋酸溶解。最初的起泡反应，与醋和小苏打混合（酸和碳酸盐混合）后的反应是一样的，而气泡就是反应过程中产生的二氧化碳气体。

鸡蛋外壳可以被醋完全溶解，露出里面的半透膜。因为鸡蛋里面比外面的醋浓度低，所以会发生渗透作用。醋也会穿过膜进入鸡蛋，将其变成一个腌鸡蛋! 这就使得鸡蛋的膜更硬，所以就可以像球一样反弹和滚动了（如果你太粗暴的话，它也会破裂）。

进一步的调查

· 鸡蛋在醋中放的时间较长或较短，会发生什么? 泡得越久是否意味着会反弹得越高? 可以用尺子测量鸡蛋反弹的高度，确保从相同的高度以相同的力向下扔。（记住在实验中只可以改变一个变量!）

· 在醋中浸泡鸡蛋时，鸡蛋的重量或大小会发生变化吗? 预测一下，在浸泡前后分别进行称量，看看你的猜测是否正确!

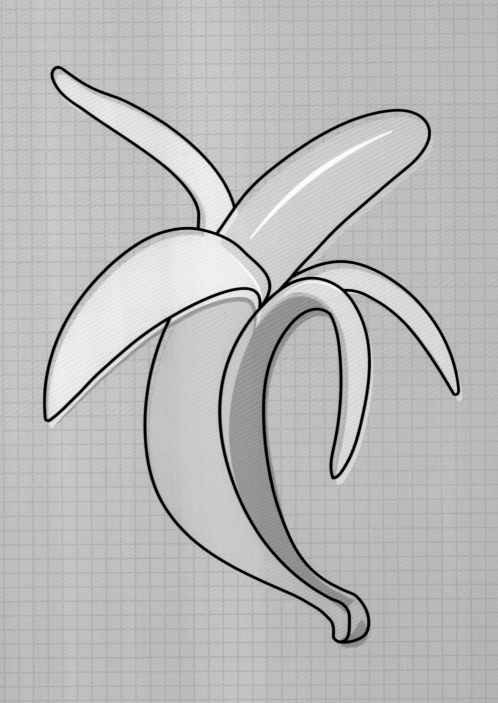

第三章
我们的身体

发现

学习

实验

发现：人类的消化系统

　　虽然我们身体的所有细胞都要从食物中获得能量和营养，但与食物发生相互作用的主要部分是消化系统。消化系统包括胃、肠道（食物通过身体的路径）和其他一些器官，这些器官可以产生用于消化食物的酶和激素。

口腔

　　口腔是食物的最初入口。口腔包括牙齿、舌头和分泌唾液的腺体。牙齿可以把食物分解成小块，唾液可以润滑口腔中的食物，从而启动消化过程。舌头可以搅拌周围的食物，使其呈球状，称为食团。可以用舌头和咽腔（口腔的后部）的肌肉将食团吞下。

食管

　　食管是连接咽与胃的一段消化道。食管通过一系列一次仅收缩一个的肌肉环，将食物向下推到胃，这一过程称为蠕动。

胃

胃是一个J形的器官，顶部与食管相连。在这里，有更多的肌肉蠕动搅拌食物，这些食物与胃液混合，并被胃壁腺体释放的酶进一步分解。胃可以拉伸，能容纳大约1升的食物。食物在胃里停留一两小时，之后变成一种叫作食糜的半流体。

肝脏、胆囊和胰腺

肝脏、胆囊和胰腺都是消化系统的一部分，但食物不会直接从中通过。这些器官能产生用于消化的胆汁和酶；肝脏是身体一侧的一个巨大的三角形器官，可以将各种营养物质转化为其他种类的物质，以调节体内的营养水平。此外，肝脏也能分解食物中的毒素。

小肠

打开幽门括约肌，食糜就从胃中被放了出来。幽门括约肌是一圈可以收缩关闭，也可以变松打开的肌肉。食糜流入十二指肠（小肠的第一部分），在这里加入来自胆囊（一个梨形的小袋）的胆汁，以中和胃酸。为了分解脂肪和蛋白质，需要添加更多来自胰腺（一个扁平的器官，藏在背部，靠近胃的底部）的酶，其中一些酶在胃的酸性条件下不起作用。食物中的营养物质开始通过肠壁被吸收，进入血液。

接着，混合物进入小肠的第二部分——空肠，然后进入回肠（小肠的最后一部分）。在回肠中加入更多的酶，将淀粉分解为葡萄糖。肠壁的肌肉收缩推动食物前进，并将其与酶混合。小肠在腹部来回弯曲，内壁覆有被称为小肠绒毛的小突起，赋予了它较大的表面积，可以尽可能多地吸收营养。

大肠

食物通过盲肠（连接小肠和大肠的地方），再通过能控制流动的回盲瓣，这时大部分营养已经被提取了出来。距离你吃完食物已经6～8小时了，但食物穿过大肠还需要15～20小时。食物中仍然含有难以消化的纤维素和水分。在结肠中，水分被吸收，食物逐渐变成固体，进入直肠，通过最后一个叫作肛门的括约肌，以粪便的形式被排出。

其他部分

阑尾附着在小肠和大肠的交汇处，是一个挂在盲肠下角的手指状小袋。它的用途仍然是一个谜。如果你的阑尾发炎了，你会非常痛苦，但它可以通过手术切除。这个器官似乎没有什么作用。

过去人们认为阑尾是人类用来消化纤维素的，但随着人类适应了较少植物成分的饮食，阑尾的体积逐渐变小，以致于变得无用了。这一观点现在已经被其他理论所取代，这些理论认为阑尾在调节体内细菌方面发挥着作用。

横膈是一块肌肉，把胸腔（内体腔的上部）和腹腔隔开。胃及其以下的消化器官都位于腹部。横膈对控制食物通过消化道的流动非常重要，横膈的收缩用来推送正在消化的食物。如果你打嗝，那是因为你的肌肉在不自主地收缩，是一种对神经刺激的反应。

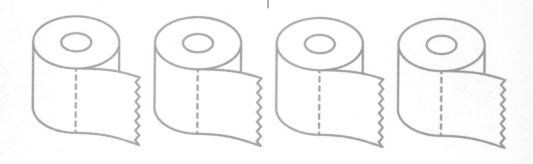

实验步骤：

1. 把盐和水在一个杯子里混合，搅拌直到溶解。用混合物漱口至少30秒，到处晃荡，用牙齿刮下口腔内壁上的一些细胞。（最好在你的口腔还比较干净的时候漱口，而不是刚吃完东西时漱口。）

2. 把混合物吐入另一个杯子里，再往杯子里加一滴肥皂液。肥皂会与细胞膜中的脂质分子相互作用，破坏细胞膜，将细胞内的物质释放到水中。

3. 将食用色素加入用容器盛放的冷却的酒精中。将盛有细胞的杯子倾斜45度，然后小心地将冷却的酒精倒入，这样就会在盐水上形成一层清晰的酒精层。

4. 将杯子直立静置等待2～3分钟。就能看到在酒精层出现一团白色细丝——这就是解开的DNA分子。DNA不溶于酒精，可以溶解在盐水中，所以只在酒精层可以看见。你可以用一根小叉子或牙签缠住一些DNA分子，拿出来进行观察。如果有显微镜，可以放在载玻片上更仔细地观察。

步骤4

你知道吗？

当你用盐水漱口时，你也会从口腔里收集一些细菌细胞。所以，看到的DNA是你的DNA和细菌DNA的混合物！

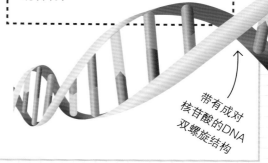

带有成对核苷酸的DNA双螺旋结构

实验：用糖果建造DNA

从微小的细菌到大象这样的巨型生物，DNA存在于所有有细胞结构的生物中，其结构也是相同的。建造DNA分子模型，看看它是什么样子的吧。可以用不同颜色的糖果代表不同的核苷酸。

DNA的结构

DNA分子是一个双螺旋结构：两条由糖（脱氧核糖）和磷酸组成的长链相互缠绕，碱基在两条链之间形成桥梁。拆开DNA分子，就会得到一条看起来像梯子的长长的条状物，每个横档由两个碱基组成：一对腺嘌呤（A）–胸腺嘧啶（T），或者一对胞嘧啶（C）–鸟嘌呤（G）。核苷酸总是按照同样的核苷酸对进行配对，一侧DNA链的A–T–C–G顺序决定了另一侧链的顺序。

DNA分子的核苷酸序列可以用来编码信息，这些信息能提供细胞生长和运转的指令。除非你有一个同卵双胞胎，否则世界上没有人和你有完全一样的DNA。在真核生物中，所有的DNA都储存在每个细胞的细胞核里。

当DNA复制时，分子的两条链解开，两条链分离，新的A、T、C和G核苷酸加入，通过相应的核苷酸对的配对，每一条链都形成新的DNA链。

你需要：

· 柔韧的长条糖果

· 牙签

· 软糖（4种不同颜色的糖豆）

· 4个杯子，按颜色将糖果分开，分别标上"A""T""C"和"G"

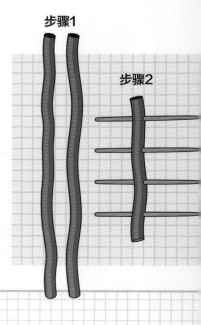

步骤1

步骤2

实验步骤:

1.在桌子上放两根"糖做磷酸骨架"（糖果段）。准备建造"扭曲的梯子"结构，代表双螺旋。

2.将牙签穿过每一个"糖做磷酸骨架"（糖果段），两根骨架间隔整齐。把糖做的磷酸骨架（糖果段）放下，使得每个点两根牙签的尖端处于中间位置。

3.在每根牙签上加上一个碱基（软糖），沿着牙签从磷酸糖主链（糖果段）伸出来的方向摁进去。

4.完成一条，就可以制作另一条相反的链了。别忘了应正确搭配颜色：A和T, C和G！

5.将每根牙签的尖端插入另一条链的碱基（软糖）中，将两条链连接在一起。

6.组装好你的带状物之后，拿起两根链，小心地将它绕成双螺旋即可！

用更多的糖果进行复制！

如果想让你的DNA进行复制，从中间将其拆开，然后加入与每一个碱基（软糖）匹配的正确颜色的碱基。最后再加上两根"糖做磷酸骨架"（糖果段），并用牙签固定住。

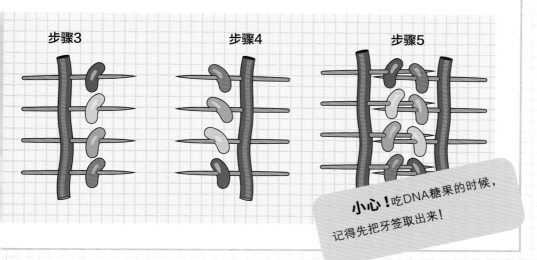

步骤3　　步骤4　　步骤5

小心！吃DNA糖果的时候，记得先把牙签取出来！

发现：食物和饮食

有时候很难决定吃点什么。我们的身体究竟需要什么食物，这些食物又有什么用途呢？我们从食物中获得的营养素可以分为几种类型，其中很多已经在前面的几页中看到了。一份健康的饮食应该包含适量的每一种营养素。

营养物质的类型

水

饮食中最重要的成分是水，我们的身体60%～70%是水，水用来溶解和运输物质，同时清除废物。水还可以帮助我们通过出汗来保持身体凉爽。水存在于饮用的液体中，但也可以通过消化固体食物提取。

碳水化合物

糖是碳水化合物的基本组成部分。单糖是一个分子式为$C_6H_{12}O_6$的单一的糖分子。糖的形式（如葡萄糖、果糖或半乳糖）取决于原子的排列方式。两个单糖结合形成一个二糖，如蔗糖或乳糖。许多单糖连接在一起形成多糖（糖分子长链），如淀粉和纤维素。

碳水化合物存在于水果、加工食品、谷物（通常被碾成面粉制成面包和其他烘焙食品）、蔬菜、乳制品（碳水化合物以乳糖的形式存在）中。碳水化合物是人体主要的能量来源。

蛋白质

蛋白质由氨基酸组成，氨基酸主要由碳、氢、氧和氮4种原子组成。人体内有21种氨基酸，不同的蛋白质由不同序列的氨基酸组成。

蛋白质可以用于身体部位的生长和修复，包括肌肉组织、头发、指甲和皮肤。我们平时吃的蛋白质被分解成氨基酸，再重新排列组合成新的蛋白质。蛋白质也可以被肝脏转化为碳水化合物。富含蛋白质的食物包括畜禽肉类、鱼、奶、蛋、种子、坚果、豆类和其他豆科作物。

脂质

脂质包括脂肪、磷脂和固醇类。脂肪由连接着甘油分子（有时还有其他成分，这取决于脂肪的类型）的脂肪酸长链组成。脂肪是疏水性的，不能与水混合。脂肪是身体的另一种能量来源，可以用来储存能量。磷脂可以用来制造细胞膜，运输脂溶性分子。

纤维素

纤维素属于粗纤维，是比较难消化的物质，如来自植物的纤维素，它有助于我们吃的食物通过消化系统排出。

维生素和矿物质

这些维生素和矿物质中，有的是有机物，有的是无机物。身体需要少量的这类物质才能正常行使功能，但我们自己无法合成足够的数量。这些物质常用于许多生物化学过程和一些分子的构建。

维生素是用字母表中的字母来命名的。抗坏血酸，即维生素C，它可以参与细胞修复，对免疫系统行使功能，对我们的身体来说很重要。人类的饮食中需要有13种维生素，它们的字母分别为：A、B_1、B_2、B_3、B_5、B_6、B_7、B_9、B_{12}、C、D、E和K。

人体所需的矿物质包括钾、钠、钙、镁、铁、锌、铜、碘、硒和钴。一些矿物质对我们的身体来说需要量较大，我们用它们来构建骨骼，通过血液运输氧气，通过神经系统传送信息；而另一些矿物质，我们的身体需求量比较小。

实验：你的饮食中有什么

当美味的食物摆在面前时，我们经常难抵美食诱惑，却把握不好需要的食物成分和数量。记录饮食日记是一个很好的方法，可以让我们对自己的饮食有一个真实的了解，确保我们摄入足够的、正确的食物！

做这个实验应列出你一天所吃的所有食物。列出你所吃的食物名称，每天大概吃多少，什么时候吃。

为了实验结果的可靠性，不要改变你当天的饮食习惯；你要了解自己平时吃什么，所以不要让记录饮食这件事影响你的习惯。如果担心自己做不到这一点，可以让朋友或家人观察并记录你吃了什么，而不用告诉你他们是哪一天进行记录的。

你的饮食怎么样？

饮食指南建议你的饮食应该包括：

各种不同类型的营养丰富的食物。要确保饮食中含有足够的维生素、矿物质和氨基酸。营养素的种类很多，需要保持均衡。一直吃同样的食物，意味着你的身体得不到均衡的营养供给。

蛋白质来源：可以是海鲜、畜禽、鸡蛋、豆类（菜豆和豌豆，包括豆制品）、坚果和种子。

水果，尤其是整个水果。喝果汁，即使是鲜榨的，也意味着得不到吃整个水果才可以获得的纤维素。

早餐

不同种类的蔬菜：深绿色（绿叶蔬菜和西蓝花）蔬菜、红色和橙色（辣椒和西红柿）蔬菜、豆类、含淀粉的蔬菜（马铃薯）等。

谷物，包括全谷物。精制面粉是将谷物碾碎，丢弃种壳制成的。种子表皮中含有纤维素和营养成分，所以也应该尝试吃全麦面包和意大利面或其他全谷物。

乳制品，包括牛奶、酸奶、奶酪和强化大豆饮料。乳制品是一种很好的钙质来源，如果可能的话，应该吃低脂或无脂的乳制品。

我们也可以算算所吃的食物中有多少热量（网上很容易找到不同食物中每100克所含的热量，或者也可以看看包装）。我们每天吃的食物热量应该在2 000～2 500千卡，即8 372～10 465千焦。

午餐

同时也建议从糖类和饱和脂肪酸中摄入的热量应分别少于总量的10%。食物标签上应该标明这些物质在食物中的比例，或者可以上网查询。我们还应该把每天的钠摄入量控制在2 200毫克以下，即相当于一茶匙盐。

晚餐

发现：食物中的热量

卡路里是衡量食物中热量的惯用单位，食物中卡路里的数量决定了你食用后能获得多少热量。卡路里还用来衡量做某项活动时消耗了多少热量，这样就可以协调食用的热量与消耗的热量了。

什么是卡路里？

1卡路里被定义为使1克水升温1℃所需要的热量。这意味着，确定某物质中有多少热量的一种方法就是将其点燃，并将其作为燃料来加热水。仔细监测温度升高的度数就可以知道食物中所含热量的总数。

另一个单位千卡（大卡）定义为1 000卡。食品包装上的热量数通常是以千卡的形式标注的。

焦耳是衡量热量的法定单位，1焦耳等于1千卡的1/4 186（4 186焦耳=1千卡=1 000卡）。

食物中的热量

用一个大鸡蛋做的炒蛋
427千焦

28克咸薯片
649千焦

一个中等的苹果
301千焦

高热量的食物类型

食物中的能量主要以糖和淀粉的形式存在。在呼吸作用中，糖用来为肌肉的运动提供能量，为神经元发送信号提供能量，并为所有细胞提供能量，将能量用于身体的化学反应、生长和修复。每克碳水化合物大约能储存17千焦的热量（每克千焦数）。

淀粉释放能量需要更长的时间；它需要先分解成糖，不能像单糖那样立即转化成能量。这意味着，摄入淀粉是一种更好的获取能量的方式，而且淀粉类食物通常含有更多的纤维素和其他营养物质。

含糖量高的食物会比等量的富含蛋白质或淀粉的食物含有更多的热量。你很容易在无意间就摄入了大量的热量——一大杯含糖饮料含有的热量可能与你这顿饭其余的食物一样多。

脂肪也可以为身体提供能量。脂肪的密度要大得多，每克可储存大约37千焦的热量。通过被称为脂解的过程，脂肪被分解成脂肪酸和甘油。脂肪酸可以直接被分解以获得能量，或者转化为葡萄糖。身体也可以以脂肪分子的形式储存能量，如有需要，这些能量也可以被分解。

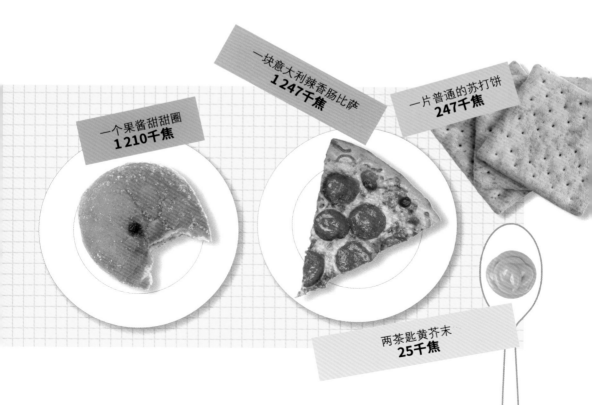

一块意大利辣香肠比萨
1 247千焦

一片普通的苏打饼
247千焦

一个果酱甜甜圈
1 210千焦

两茶匙黄芥末
25千焦

发现：饮食引起的疾病

均衡饮食有助于确保我们有足够的能量和营养来维持身体健康。如果食物没有为我们的身体提供足够的物质，我们可能会感觉身体虚弱或者不舒服，甚至可能发生疾病。以下是一些主要的营养不足类型及其常见症状。

蛋白质缺乏症

症状轻微时，表现为疲倦和易怒。在蛋白质极端缺乏的情况下，可能会出现肌肉萎缩、毛发和皮肤褪色、鳞状皮肤和水潴留（水肿）。富含蛋白质的食物包括牛奶、肉类和豆类（如蚕豆和豌豆）。

碳水化合物缺乏症

我们的身体可以将蛋白质和脂肪转化为能量，但是长期缺乏碳水化合物会导致酮中毒，这种情况下，口腔中会有一种奇怪的甜味。碳水化合物存在于淀粉和糖类食物中，同时含有纤维素的食物更容易被消化，如水果、蔬菜、豆类和全谷物。

维生素缺乏症

吃不同种类的食物会帮助我们补充所需要的维生素。每一种维生素都与某些缺乏性疾病有关，有些疾病比缺乏其他营养导致的疾病更严重。

维生素A：存在于胡萝卜、甘薯和菠菜等蔬菜中；缺乏维生素A会导致夜盲症，在较严重的情况下，会导致失明。

维生素C：存在于新鲜的水果和蔬菜中，如浆果、辣椒和柑橘类水果；缺乏维生素C会导致坏血病（症状包括牙龈出血和骨痛）。

维生素C也有助于抵抗疾病，所以缺乏维生素C会导致患病概率变大。

维生素D：富含脂肪的鱼类和乳制品中含有维生素D，阳光照射也会产生维生素D；缺乏维生素D会导致软骨病，这是一种使骨骼变软、更容易骨折的骨骼疾病。

强化食品

有些食物含有强化的维生素和矿物质，有些人也服用维生素补充剂以确保摄入足够的维生素。但有时也会因摄入维生素过多而患病，称为维生素过多症。只要保持均衡的饮食（除非医生建议你这样做），一般不需要服用补充剂。

矿物质缺乏症

一些最常见的营养缺乏症是由饮食中缺乏必需矿物质造成的。

铁：用于将氧气输送到全身。缺铁会导致贫血，从而导致疲劳、虚弱、冷漠和耐寒力下降。富含铁的食物包括动物内脏、深绿色蔬菜（如菠菜）和豆类。

碘：缺碘会导致甲状腺肿——由甲状腺肿大引起的颈部肿胀。海藻、海鲜和乳制品中都含有碘。

锌：缺锌会导致一系列疾病，包括痤疮等皮肤病、腹泻、口腔溃疡、发育不良，对传染病的抵抗力降低。锌存在于海鲜、牛肉、豆类和坚果中。

记住：每升血液中含有半克铁，相当于一枚中等大小的铁钉的铁含量。

学习：选择合理的饮食

看看这些饮食日记，与左边有关健康饮食的陈述相联系，判断每一篇日记是否符合合理饮食的标准。

1. 这种日常饮食包含至少5份不同种类的水果和蔬菜（每份大约是你的手掌所能容纳的量）。

2. 这种饮食以富含纤维素、淀粉的食物为基础，如马铃薯、面包、米饭和意大利面。（薯片和薯条不算在内！）

3. 这种饮食中含有一些乳制品或奶类替代品。

4. 这种饮食中含有一些来自豆类、鱼、蛋或畜禽肉的蛋白质。

5. 这种饮食有足够的水——每天至少6到8杯。

6. 这种饮食只包含少量高脂肪、高盐和高糖的食物和饮料。

7. 这种饮食包含了多种不同的五大类主要食物（蔬菜、豆类、水果、谷物、富含蛋白质的食物）。

8. 这种饮食能满足每日推荐的总热量数。

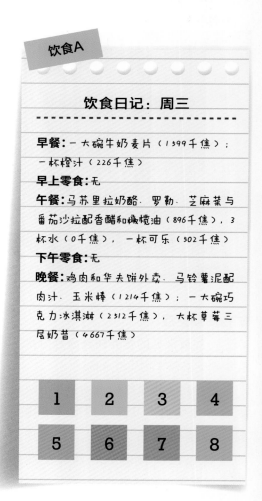

饮食A

饮食日记：周三

早餐: 一大碗牛奶麦片（1599千焦）；一杯橙汁（226千焦）

早上零食: 无

午餐: 马苏里拉奶酪、罗勒、芝麻菜与番茄沙拉配香醋和橄榄油（896千焦），3杯水（0千焦），一杯可乐（502千焦）

下午零食: 无

晚餐: 鸡肉和华夫饼外卖、马铃薯泥配肉汁、玉米棒（1214千焦）；一大碗巧克力冰淇淋（2312千焦），大杯草莓三层奶昔（4667千焦）

| 1 | 2 | 3 | 4 |
| 5 | 6 | 7 | 8 |

饮食B

食品日记：周六

早餐: 一杯橙汁（226千焦），松饼（2888千焦）

早餐小吃: 小包薯片（758千焦）

午餐: 两片全麦面包三明治，火鸡和奶酪（2679千焦）；苹果（301千焦）

下午零食: 一罐可乐（586千焦）；巧克力棒（1909千焦）

晚餐: 鸡肉（963千焦）；大烤马铃薯（1172千焦）加两大汤匙黄油（837千焦）；沙拉（63千焦）配调料（1298千焦）；面包卷（1381千焦）

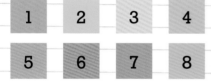

饮食C

周四的饮食日记

早餐: 有香蕉、燕麦、杧果、牛奶和蜂蜜的奶昔（653千焦）

早餐小吃: 两个加花生酱的杂粮米糕（913千焦）

午餐: 鸡肉百吉饼配蛋黄酱、生菜和番茄（2181千焦）；无糖软饮料（0千焦）

下午小吃: 苹果（301千焦）

晚餐: 胡萝卜和扁豆汤，配大饼（996千焦）；小杯沙士（1381千焦）

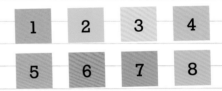

饮食D

我的周二饮食日记

早餐: 鸡蛋三明治（1256千焦）；一份薯饼（586千焦）；一杯水（0千焦）

早餐小吃: 苹果片（63千焦）

午餐: 五片裹了面包屑的炸鸡肉（2637千焦）；可乐（0千焦）

下午小吃: 六根肉桂糖甜甜圈棒（1172千焦）

晚餐: 四分之一磅芝士汉堡（2260千焦）；小份薯条（963千焦）；一杯水（0千焦）

| 1 | 2 | 3 | 4 | 5 | 6 | 7 | 8 |

（答案见第143—144页）

发现：能量和运动

千焦不仅可以衡量食物中含有多少热量，还可以衡量我们进行身体活动所需要的能量。

肌肉收缩需要能量，包括你四处走动时使用的骨骼肌，以及你体内的其他肌肉。体内的肌肉让我们的消化系统能正常运作，让我们的心脏能够向全身输送血液，还能使肺部扩张和收缩。根据体型，我们的身体需要不同数量的能量。看看这些日常活动要消耗多少热量。（97页的数据都是针对12岁儿童的平均水平，以每小时所消耗的热量为单位。）

什么都不做

因为身体总是在行使各种功能，呼吸、消化食物和通过神经系统向身体各处发送化学信息，所以总是要使用少量的能量。

·静静地坐着，什么都不做，燃烧热量约125千焦/时。

·如果说话或看书，会燃烧热量大约250千焦/时。

·采用坐姿，积极做适量的工作（挪动东西，上下看），就会消耗更多的热量，大约500千焦/时。

·站立会消耗热量大约385千焦/时，即使躺在床上睡觉的时候，也会消耗热量大约83千焦/时。

外出活动

仅仅以中等速度步行就会消耗热量大约440千焦/时。如果走得快并且随身带着东西，那就会增至1 214千焦/时左右。如果地面不平，比走在平坦的地面上多消耗大约三分之一的热量。骑自行车，即使以每小时8千米的徐缓的速度，也会燃烧热量728千焦/时。

如果要爬楼梯，可以考虑跑步上下楼，这样会燃烧热量1 967千焦/时，比步行上下楼消耗的1 590千焦/时更多（比你乘电梯燃烧的热量多得多！）

在健身房

很多人去健身房燃烧热量。你也可以去锻炼力量、耐力和身体素质。有很多运动项目可供选择，这里有一些很受欢迎的运动项目：

·以9.5千米/时的速度跑步：大约2 720千焦/时

·跳绳：约3 350千焦/时

·剧烈游泳：约2 720千焦/时

·有氧运动：约1 670千焦/时

·划船机：约1 460千焦/时

玩得开心

不是只有成为职业运动员才能燃烧热量。很多轻松有趣的活动也会消耗能量。打排球可以燃烧约1 150千焦/时，轮滑可以燃烧1 600千焦/时，滑板可以燃烧452千焦/时，优雅的芭蕾舞可以燃烧约1 256千焦/时。当然，笑也可以燃烧热量，大约419千焦/时。

实验：你的食物含多少糖

食物中的糖使它尝起来很甜，很吸引人。这就是快餐、垃圾食品和加工食品通常含有大量糖的原因，这是一种简单又廉价的让食物变得美味的方法。但如果你试图均衡饮食，这就对你没有多大帮助！一些食物中的糖含量可能高得惊人，所以检测一下食物的含糖量很重要。

你需要：

· 要分析的食物样本——冰箱、厨房橱柜里的食物。如果有的话，也可以是一天中吃过的各种食品，别忘了还包括饮料！

· 厨房秤

· 笔、纸和计算器

营　养　成　分　表	
每盒 8 份	
每份	**55 g (2/3 杯)**
每份总计	
963	**千焦**
	%每日摄入量
全脂肪 8g	10%
饱和脂肪酸	1%
反式脂肪酸 0mg	0%
钠 160mg	7%
胆固醇 0mg	0%
碳水化合物总计 337g	13%
膳食纤维 4g	14%
糖类总计 12g	
含 10g 添加糖	20%
蛋白质 3g	
维生素 D 2μg	10%
钙 260mg	20%
铁 8mg	45%
钾 235mg	6%

*%每日摄入量（Daily Value, DV）告诉你一份食物在每日饮食中的营养成分的占比。

实验步骤：

把每一种食物拿出来，看看包装上的营养成分表。多数产品都会有标签，上面列出了食物的所有关键信息：食物的重量，以及其中所含的热量、脂肪、蛋白质、碳水化合物和其他关键营养素的水平。

算出食物中含多少糖：

写下所吃食物的份量和份数。包装上应该会说明一整盒的分量，如果已经打开了，可能需要称一下剩余食物的分量。

你可以用一份的重量，除以你有的克数：我有120克，一份是55克，所以 $120 \div 55 = 2.18$ 份。然后就可以计算食物里的含糖量了。

在这个实验中，一份含有12克糖，所以2.18份就是 $2.18 \times 12 = 26.16$ 克。

知道了糖的总克数，你可以试着想象每包糖900克，把总数除以这个数目，就知道你吃了多少袋糖了。

营养成分标签

将"添加的糖"与天然存在的糖分开。如果你想减少糖的摄入量，一个好办法是留意不添加糖的产品，这种食品的味道很好，因为自然存在的糖很美味！

食品没有标签怎么办？

并不是所有的食品都有营养标签，那我们测算含糖量时该怎么办呢？

如果你看的是新鲜的水果和蔬菜，或是你在家已经烧煮的，或从包装中新取出来的食物，就无法查找这些信息。

不过，可以使用厨房秤来计算含糖量，或者查阅烹饪食物的食谱，然后在网上搜索类似产品的营养价值。可以搜索"平均一个苹果含多少糖？"根据美国农业部(USDA)的数据库，答案是10克。

学习：你的食物含有多少热量

你知道不同种类的食物含有多少热量吗？高糖和高脂肪的食物含有的热量最多；低糖、高纤维的健康食品含有的热量较少。

你能把这些食物按热量从高到低的顺序排列吗？用前几页学习的知识来帮助你完成这个测试。

1. 一个中等大小的苹果
2. 20克咸薯片
3. 一块丁骨牛排
4. 一袋500克的巧克力
5. 一整块1千克的巧克力蛋糕
6. 一个大鸡蛋做的炒蛋
7. 一杯切碎的芹菜
8. 一个快餐汉堡、一份普通薯条和可乐

9. 一瓣大蒜
10. 一杯牛奶
11. 一块意大利辣香肠比萨
12. 两茶匙黄芥末
13. 一个果酱甜甜圈
14. 一个中等大小的洋葱
15. 一杯水
16. 一块普通饼干

（答案见第144页）

一整头牛有多少热量？

根据下面的信息，你能算出吃一整头牛，只留下骨头，会摄入多少热量吗？

· 一头牛的平均重量：约800千克

· 脂肪占牛体重的比例：20%

· 肌肉比例：55%

· 骨头的比例：25%

· 每克牛油的热量：38千焦

· 每克牛腱的热量：约12千焦

如果每天建议摄入量为8372千焦，只吃这头牛能维持多少天的热量需求？（假设你有办法让肉保鲜！）

（答案见第144页）

查看第128页，测试一下你了解的关于牛的知识！

学习：为消耗晚餐而跳舞

你知道玩半个小时滑板能消耗多少热量吗？两个炒鸡蛋能提供多少热量呢？

根据第90—91页和第96—97页的知识，以平均体重为68千克的人为例，将下列每项活动与活动所消耗的食物（及其热量）进行配对。

A. 玩滑板32分钟

B. 站立48分钟

C. 睡觉9分钟

D. 打排球4个多小时

E. 沿着楼梯向上跑5个多小时

F. 笑173分钟

G. 中速行走61分钟

1. 225克咸薯片

2. 一个果酱甜甜圈

3. 一个中等大小的苹果

4. 两个炒鸡蛋

5. 一块普通的饼干

6. 一茶匙黄芥末

7. 8块整个意大利辣香肠比萨

（答案见第144页）

发现：味觉是如何起作用的

味觉在饮食方面有重要的影响，与人体生物学有着错综复杂的联系。味觉和嗅觉直接与神经系统相连，神经系统会不由自主地作出反应，这就是为什么当我们闻到或尝到恶心的东西时，会不由自主地呕吐，同时，味觉和嗅觉也会引发情绪反应。

人类已经进化到能通过食物的味道来判断食物是否有益于身体了。苦味的食物可能有毒，而咸味或甜味的食物通常是营养和能量的良好来源。

食物的味道取决于多种因素，除了食物本身的味道，口感、气味和温度都会影响食物的味道。这就是你感冒之后，食物的味道会变淡的原因，因为你嗅觉、味觉的敏感度都降低了。

舌头是由8块相互连接的肌肉组成的，这些肌肉用来控制食物，协助咀嚼，并将食物推到口腔后部，便于吞咽。舌头上覆盖着舌乳头，伸出舌头从镜子里看到的那些疙瘩就是舌乳头。比起扁平的表面，这些疙瘩使舌头的表面积更大。此外，舌乳头上都覆盖着称为味蕾的味觉感受器。

在舌头的前端，有200～400个舌乳头。每个舌乳头有3～5个味蕾。在最后面，有一个V形区，舌乳头的突起更大，每个舌乳头包含数千个味蕾。从舌头的两个侧边至舌头背面，有一系列的褶皱，每个褶皱有几百个味蕾。还有一些味蕾和味觉检测细胞位于口腔的其他部位：喉咙后部、鼻子内部，甚至食管的顶部。

被夸大的舌头

人们有时会说舌头的不同部位有不同的味蕾，可以探测不同的味道，这种说法是不对的！人类有不同类型的味蕾，用来探测不同的味道，但是，这些味蕾都均匀分布在舌头上。味蕾多分布在舌头外侧，而舌头中部较少。

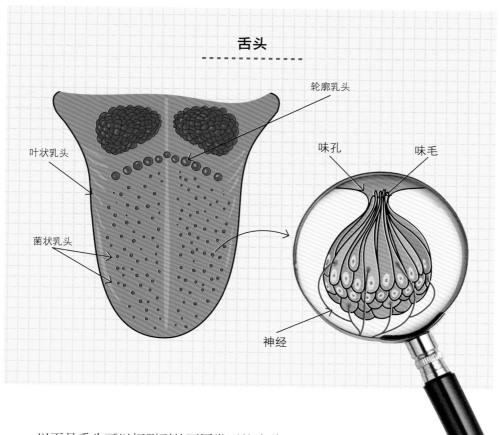

舌头

轮廓乳头

叶状乳头

味孔   味毛

菌状乳头

神经

以下是舌头可以探测到的不同类型的味道：

甜：主要来源于糖，但也可以被一些氨基酸和醇类激活。

酸：酸性物质如柠檬汁或醋能起作用。

咸：食盐（氯化钠）或钾盐、镁盐等矿物质能激活。

苦：许多物质会激活苦味味蕾，对识别有毒植物很重要。

鲜：有时也被称为甘味，由谷氨酸或天冬氨酸等氨基酸激活，使食物有类似肉的味道。

学习：舌头

舌头长在我们的口腔里，是帮助咀嚼和品尝食物的关键部位，但你对自己的舌头到底了解多少呢？下面就测试一下你的知识。

小测试：舌头

1.舌头由几块肌肉组成？

a.1

b.2

c.4

d.8

e.16

2.你的舌头是独一无二的，像指纹一样。

a.正确

b.错误

3.人的舌头有多重？

a.大约20克

b.大约50克

c.大约70克

d.大约100克

e.大约200克

4.舌头能品尝出的五种味道是什么？

a.鲜、甜、酸、好、坏

b.生气、困倦、暴躁、快乐、迟钝

c.苦、甜、咸、酸、辣

d.酸、甜、苦、棕色、鲜

e.咸、甜、苦、酸、鲜

5.舌头的哪个部位能尝到甜食的味道？

a.舌尖

b.最后面

c.侧边

d.中间

e.所有的部位

6.你所有的味蕾都在舌头上。

a.正确

b.错误

7.人的口腔平均有多少味蕾？

a.100~200

b.500~1 000

c.2 000~8 000

d.10 000~20 000

e.50 000多

8.有多少人能把舌头纵向卷成管状？

a.0%

b.10%~15%

c.20%~35%

d.65%~80%

e.85%~100%

9.哪个食物尝起来是酸的？

a.酸橙汁

b.白面包

c.棉花糖

d.薯片

e.蒸火腿

10.牙医建议你在刷牙齿的同时也刷舌头。

a.正确

b.错误

（答案见第144—145页）

发现：极端的食物

现代食品技术可以使我们喜爱的一些食物变得更极致。这里简要介绍一些极端食物。有的是在自然中发现的，有的是人工创造的。

最辣的辣椒

卡罗来纳死神辣椒是一种红色、多节的辣椒，有一个尖尖的小尾巴，被吉尼斯世界纪录认定为截至2012年世界最辣的辣椒。辣椒的辣度是用史高维尔指数来衡量的，该指数衡量的是植物内辣椒素的浓度。死神辣椒的史高维尔指数超过了200万，这意味着，这种辣椒中的辣椒素必须稀释200万倍才尝不出辣椒的味道。

低热量食物

像芹菜、葡萄柚和莴苣这样的水果和蔬菜富含纤维素和水，热量很低。有一种理论认为，像芹菜这样的食物富含纤维素，消化所需的能量往往比吸收的能量更多，因而是负热量的食物。事实并非如此，研究表明，并不存在"负热量食物"，但它们仍比垃圾食品要健康得多！

最臭的食物

臭味的食物有很多，但有一个可能算得上首屈一指。榴梿是一种大型水果，外皮多刺，果肉呈淡黄色，尝起来像奶油，有点杏仁的味道。

尽管榴梿的味道很可口，但其气味却与别的水果迥然不同：有人形容其像腐烂的洋葱、松节油或未经处理的污水。这种味道太刺鼻了，东南亚部分地区禁止在酒店和公共交通工具上吃这种水果。

实验：味觉实验

我们的味觉极其复杂，而且，食物的味道也会受到它的气味、口感、温度甚至外观的影响。这个实验着眼于当你看不见或闻不到食物，并且食物的口感没有区别时，你能否轻松地区分出不同的味道。

你被蒙上眼睛的时候，需要一个朋友帮你递东西！

你需要：

· 眼罩和鼻夹

· 番茄酱、纸杯、叉子

· 不同口味但口感相似的食物

液体：糖水（甜），盐水（咸），柠檬汁（酸），汤力水（苦）

口感相似的食物，切成小方块：苹果、马铃薯、甘薯、梨（不太熟）、洋葱、豆薯

气味强烈的食物，并在番茄酱杯中放入相等的量：巧克力、大蒜粉、有臭味的奶酪、生姜粉或鲜姜、肉桂饼干、大蒜饼干

如果你找不到这些食材也不要担心！也不是必须要有所有样品，可以添加任何你认为有用的东西。如果你对某些食物过敏，不要品尝可能引起过敏反应的东西！（请查看第114—115页，了解更多关于过敏的信息。）

实验步骤：

可以自己设计实验！要确保一次只改变一种因素，这样你就可以在没有看见或闻到的情况下进行测试了。如果你不想看到，可以用眼罩。如果不想闻到，可以用鼻夹。当你戴上鼻夹或眼罩时，你能仅通过味道来辨别口感相似的食物吗？只戴眼罩而不把食物放进嘴里时，你能仅通过味道来辨别气味强烈的食物吗？

必须有成人进行监督

品相

你也可以研究食物的颜色如何影响它的味道。

可以试着用不同颜色的食用色素给同一味道的苏打水染色，然后给别人尝一尝——他们会认为这是不同的味道吗？你闭着眼睛能分辨出糖豆的味道吗？

神秘果

神秘果是一种原产于西非的植物，具有一种非常有趣的特性。它是含有神秘果蛋白的少数几种浆果之一，神秘果蛋白会以一种奇怪的方式影响人类的味蕾。虽然神秘果本身尝起来并不甜，但它会改变人们的味觉机制，结果是味觉感受器将酸的食物识别为甜的食物。

这意味着如果你吃一些含有神秘果蛋白的东西，然后再吃一个柠檬，它尝起来就不会像平常那样是酸的，而是变成了甜的。这种效果会持续约半小时，然后消失，因为神秘果蛋白会被唾液冲走。人们通常将这种浆果用于烹饪，来增加食物的甜味。一些国家有神秘果或神秘果片出售。

发现：你的嗅觉怎么样

我们的嗅觉非常重要，而且很有用。嗅觉的进化有助于我们的生存，通过嗅觉，我们可以发现食物是否变质，也能避免一些危险，如火灾。

嗅觉是一种强大的感官，有些人认为它比视觉或听觉更重要。我们的DNA中有整整5%是关于嗅觉的，所以我们闻气味的能力很强大。

嗅觉是如何起作用的

气味是由分子组成的，这些分子飘散到空气中，进入我们的鼻子。所以说容易挥发（蒸发）的物质闻起来气味更强烈。而像金属这样的物质，它们的分子通常保持不动，除非你靠得较近，否则闻起来就没有强烈的气味。热的食物闻起来更

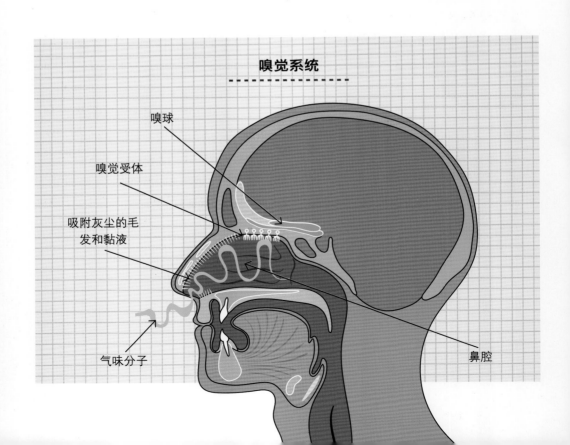

嗅觉系统

嗅球

嗅觉受体

吸附灰尘的毛发和黏液

气味分子

鼻腔

香，因为高温下分子运动更强烈。

气味分子进入我们的鼻子，穿过吸附灰尘的毛发和黏液，然后撞在你鼻腔后面的一个大号邮票大小的部位。这个区域覆盖有纤毛——一种细小的毛发状突起，这种形态可以增加表面积，突起中包含数百万个嗅觉感受器。人类有大约1 200万个嗅觉感受器，以此来区分不同的气味。

这些感受器也覆有黏液。黏液可以捕获气味分子，以便对其进行分析。不同的气味会激活不同的感受器。你所闻到的气味信息会通过神经传递到嗅球，也就是在这里大脑对气味进行解读。只需要少量的物质进入鼻子，你就可以分辨出这种气味——只要有0.000 000 000 007克，就可以发现有臭鼬。物质越多，气味就越强烈。

嗅觉和味觉

食物的味道取决于很多因素。人们认为食物80%的味道来自它的气味。鼻子里的嗅觉感受器在你把食物放进嘴里之前就能嗅到食物的味道，这个信息会在大脑里和来自味蕾的味觉信息结合起来。当我们饥饿时，嗅觉会变得更强。

人类能够分辨出数量惊人的不同的气味，已经被识别出来的气味至少有1万种，一些科学家猜想这个数字应该还会更高。许多动物，尤其是狗，嗅觉更好，狗有多达2亿～3亿个嗅觉感受器。一些生物利用嗅觉循着其他动物释放出来的被称为信息素（强烈的化学物质）的气味，来互相追踪。有些种类的飞蛾可以沿着气味相互追踪长达8千米的距离。

我们的嗅觉有时会受到干扰。比如，感冒会导致鼻腔黏液增多，从而阻止气味分子到达感受器。嗅觉能力还会受到许多其他因素的影响，包括神经损伤、吸烟、牙齿疾病、接触浓烈的化学物质（如杀虫剂或有机溶剂）、癌症的放射治疗以及神经系统疾病（如帕金森病或阿尔茨海默病）。

发现： 嗅觉科学

从你周围的物体中飘散出来并在你鼻子中产生嗅觉反应的分子有很多种，食物中最常见的是酯类分子。

这些酯类分子是有机分子，由碳、氢和氧元素组成，是许多水果和鲜花气味（和味道）的来源。

酯类物质由酸和醇结合而成，是植物和水果产生特殊气味的原因。一些常见的例子如下。

醇	酸	酯	闻起来像
正辛醇	乙酸	乙酸辛酯	橙子
异戊醇	乙酸	乙酸异戊酯	香蕉
乙醇	丁酸	丁酸乙酯	菠萝
乙醇	甲酸	甲酸乙酯	树莓

桃子、葡萄柚、苹果、李子、樱桃、草莓、覆盆子、葡萄和椰子的气味都是酯类产生的。还有一些物质，如坚果、木材、薄荷、黄油、蘑菇、干草、胶水、肉桂和八角等产生气味的原因，也是因为含有酯类物质。

科学家们发现，产生气味的原因是有特定的化学物质存在。他们发现可以分离出能产生特定气味的化学物质时，便开始研究如何合成人造酯。人们使用浓硫酸作为催化剂来加速反应，促使分子结合，生成酸和醇的化合物。

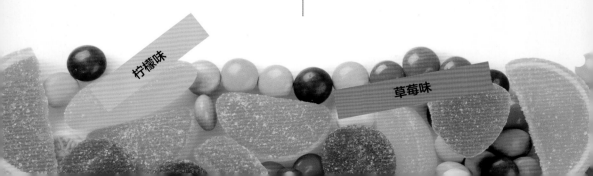

柠檬味

草莓味

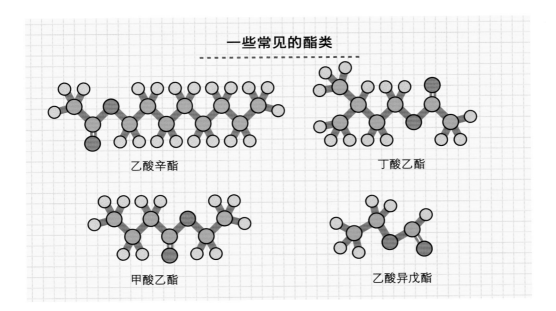

一些常见的酯类

乙酸辛酯

丁酸乙酯

甲酸乙酯

乙酸异戊酯

没那么逼真

人造酯广泛应用于糖果和其他食品的合成香精以及香水、空气清新剂和化妆品中。但有时也没那么令人满意。就像第3页讨论的那样，香蕉味的糖果尝起来不像真正的香蕉。真正的香蕉具有多种不同的气味分子，连同其味道、口感和温度，是你在糖果中无法复制的！

植物能产生天然酯类物质，吸引动物采摘果实，或吸引昆虫吸食花蜜。在自然界的其他地方，酯类也发挥着作用：闻起来像香蕉的乙酸异戊酯，是蜜蜂用来报警的信息素，可以发出危险逼近的信号。

有趣的事实

酯中存在的化学键——酸与醇的键，同样存在于脂肪分子中，即甘油（醇）与脂肪酸相连接的化学键。

酸橙味

蓝莓味

橘子味

实验：制作橘子香水

使橘子有橘子味的酯是乙酸辛酯。这些酯类物质是柑橘属植物为了吸引动物而产生的，也可以用来制造香水。

你需要：

· 1个橘子
· 225毫升外用酒精
· 水果削皮器或擦菜板
· 带盖的瓶子或玻璃罐
· 漏勺或滤网

实验步骤：

1.刨掉橘子的外皮，这是一个烹饪术语，意思是把橘子外皮磨掉，磨到白皮时就停（请成年人帮忙）。果皮是让橘子散发香味的酯的来源，是你唯一需要的部分。继续刨皮，直到把橘子外皮全部刨掉，使它变成一个白色的水果。

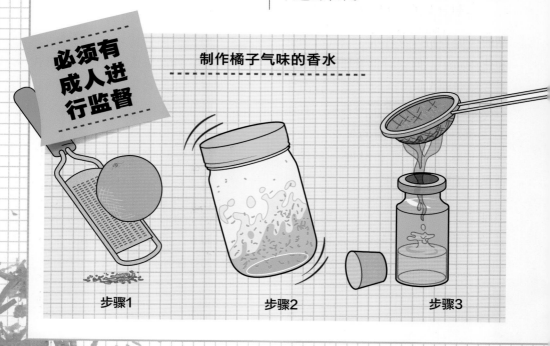

必须有成人进行监督

制作橘子气味的香水

步骤1　　　　步骤2　　　　步骤3

2. 将橘皮碎与酒精一起放入瓶或罐中，在阴凉、黑暗处保存2～6周。每天摇一到两次，确保橘皮碎的不同部位都能与酒精接触，配制成为香水。

3. 将配制完成的香水倒入漏勺或滤网，除去橘皮碎。可以把它放在香水瓶或其他有盖的瓶子里，在你的手腕和脖子上，或耳朵后面涂擦少许。酒精会因为你的体温而蒸发，橘子的气味分子就释放到空气中，被人们闻到。

定制

定制香水的一种方法，是加入橘皮碎的同时加入其他气味浓烈的配料。你可以加一根肉桂棒、一个香草豆荚、一些丁香或少量豆蔻荚。用一把锋利的刀把香草切成小块（请成年人帮忙），使用杵和臼，将其他香料压碎，直到变成细粉末，和橘皮碎一起加入酒精中。可以试着把橘子和其他水果碎混合在一起，比如酸橙或葡萄柚。有些水果的效果比这些更好。科学就是各种实验！

刨去皮的橘子

橘子皮不仅仅含有油，它还形成了防水的表皮，保持内部多汁。厚皮可以透水，所以如果打算吃掉橘子的其余部分或榨汁，不要等太久。刨去皮的橘子会随着里面的水分的蒸发而变干，剩下的汁液也会和空气中的氧气发生反应，因而会变味。如果想较久保存，可以放在密封的容器里，然后放进冰箱。

发现：过敏

我们身体的免疫系统可以对抗疾病，产生抗体以攻击进入身体的细菌或病毒。有时，免疫系统不能像预期的那样发挥作用，我们的身体会对一些实际上并非病原体的东西产生过敏反应。

食物过敏在生活中很常见，可能导致严重的不良反应，症状包括瘙痒、肿胀、呕吐、腹泻和呼吸困难。

食物过敏

世界上不同地区的人有不同的过敏症状，但一些常见的过敏原涉及花生、鸡蛋、牛奶（乳糖）、贝类、大豆和小麦（谷蛋白）。这些食物中的某些蛋白质可以与抗体免疫球蛋白E结合，后者会将这些蛋白质误认为是一种入侵性疾病，这就会导致组胺的释放。组胺是一种与炎症有关的化合物，会导致更多的血液流向患处。当需要大量抗病白细胞时，组胺就会发挥作用。如果你没有生病，它就没那么有用了。

根据过敏类型和严重程度的不同，过敏反应各不相同，如发痒、恶心或其他过敏反应，其症状会很快出现。过敏症状包括皮疹、呕吐、头晕和患处肿胀。如果这种症状发生在口腔或喉咙，就会导致喉咙闭合，从而导致呼吸困难。

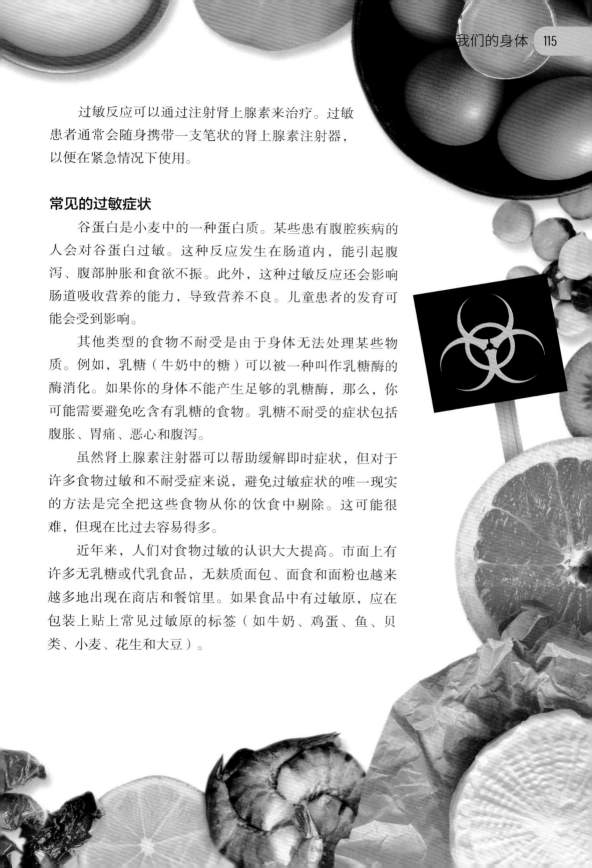

过敏反应可以通过注射肾上腺素来治疗。过敏患者通常会随身携带一支笔状的肾上腺素注射器，以便在紧急情况下使用。

常见的过敏症状

谷蛋白是小麦中的一种蛋白质。某些患有腹腔疾病的人会对谷蛋白过敏。这种反应发生在肠道内，能引起腹泻、腹部肿胀和食欲不振。此外，这种过敏反应还会影响肠道吸收营养的能力，导致营养不良。儿童患者的发育可能会受到影响。

其他类型的食物不耐受是由于身体无法处理某些物质。例如，乳糖（牛奶中的糖）可以被一种叫作乳糖酶的酶消化。如果你的身体不能产生足够的乳糖酶，那么，你可能需要避免吃含有乳糖的食物。乳糖不耐受的症状包括腹胀、胃痛、恶心和腹泻。

虽然肾上腺素注射器可以帮助缓解即时症状，但对于许多食物过敏和不耐受症来说，避免过敏症状的唯一现实的方法是完全把这些食物从你的饮食中剔除。这可能很难，但现在比过去容易得多。

近年来，人们对食物过敏的认识大大提高。市面上有许多无乳糖或代乳食品，无麸质面包、面食和面粉也越来越多地出现在商店和餐馆里。如果食品中有过敏原，应在包装上贴上常见过敏原的标签（如牛奶、鸡蛋、鱼、贝类、小麦、花生和大豆）。

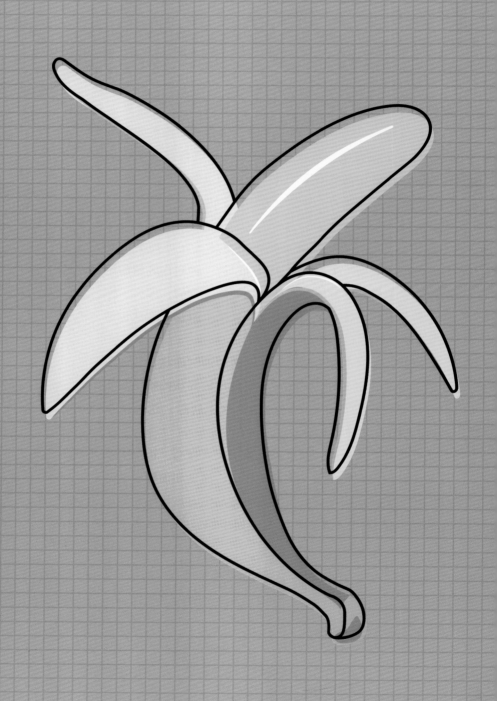

第四章
世界

发现

学习

实验

发现：食品对环境的影响

我们所做的事情或者正在使用的东西，都要利用能源，无论是旅行、吃东西还是看电视，都会对环境产生影响。这种影响可能很小，但因为世界上人口众多，有数十亿人，所以这种影响就会叠加起来！

温室气体（见119页的方框）是由人类活动产生的。这些气体飘散到地球的大气层中，形成一层屏障，地表受热后向外放出的大量长波热辐射被大气吸收，这样就使地表与低层大气温度增高，因其作用类似于栽培农作物的温室，所以叫温室效应。温室气体可以导致全球变暖，即地球的温度逐渐上升，这将导致气候和地球上脆弱的生态系统发生重大变化。

虽然二氧化碳一直存在于大气中，但人类活动正在使二氧化碳的含量迅速增长，现在全球的二氧化碳含量几乎是18—19世纪工业革命前的2倍。除非人类采取果断的行动，否则这种现象将导致我们星球的气候发生不可逆转的变化。

全球变暖会破坏北极熊的栖息地

大豆

生活方式的选择

几乎所有的人类活动都会产生一些温室气体。减缓全球变暖的一个方法是思考一下我们的生活方式对环境的影响有多大，并选择影响较小的方法。总体而言，由政府和大公司做出的大规模决策将产生最大的影响，但个人仍有办法发挥作用。

例如，人类产生的四分之一以上的温室气体来自食品加工和农业生产。其中，近三分之二来自动物制品，特别是农业生产和加工过程中使用的能源和资源，以及牲畜内脏产生的甲烷等气体。

调整菜单

再想想你吃的哪种食物会对环境产生影响。牛油果产生的温室气体是相同重量苹果的6倍。牛奶产生的温室气体是豆浆的3倍（当然，不是所有的非乳制饮品都环保，例如，生产杏仁牛奶需要大量的水，可以以其他的方式影响环境）。一份可供一人食用的牛肉或羊肉能产生8～10千克温室气体，鸡、鱼、猪肉或奶酪等相当份量的蛋白质，只产生不到其四

分之一量的温室气体（仍超过植物蛋白）。

碳足迹计算器能计算出不同活动造成的二氧化碳和其他温室气体的排放量。把牛肉换成鸡肉，或者用步行代替开车，可以减少多少排放量？

温室气体

· 我们燃烧燃料、废弃物，或砍伐树木产生的二氧化碳；

· 甲烷和一氧化二氮，由农业活动和化石燃料生产产生；

· 碳氟化合物，工业过程中释放的碳氟化合物数量较少，但其造成的温室效应要比其他气体强得多。

学习：鱼

世界上已知的鱼有36 000多种，其中很多都可以食用。这些鱼包括海洋鱼类、淡水鱼类，你对鱼类了解多少呢？它们是如何成为你饮食中重要的一部分的？试一试以下的小测试，测验一下你的知识。

小测试：什么是鱼？

从分类学的角度来看，鱼生活在水中，是用鳃呼吸、有鳍和头骨、没有指或趾的动物。鱼类主要有两种，软骨鱼类（如鲨鱼和鳐鱼）和硬骨鱼类（包括许多食用的普通鱼类和作为宠物的热带鱼）。

1.吃鱼能补充什么营养？

a.蛋白质

b.维生素和矿物质

c.ω-3脂肪酸

d.以上所有

2.下列关于饮食中鱼的说法哪一个是正确的？

a.因为鱼生活在水里，所以吃一条鱼相当于喝4杯水

b.均衡的饮食应该包括每周至少两份150克的鱼，其中包括一份富含脂肪的鱼

c.只吃鱼而不吃其他食物是健康的饮食

d.炸鱼比蒸、烤的鱼更健康

3.不吃畜禽肉但吃鱼和海鲜的人叫什么？

a.袋鼠素食者

b.鱼素者

c.不经心的素食者

d.蛋素食者

4.呼吸作用发生在鱼体内的什么地方？

a.在鳃里

b.在肺里

c.在鳃、心脏、肝脏和肺中

d.在每个细胞中

5.世界上可食用的鱼有多少是养殖的？

a.25%

b.50%

c.75%

d.100%

6.根据英国心脏协会的建议，鱼肉作为健康饮食的一部分，应该多久吃一次？

a.每分钟一次

b.每天至少一次

c.每周至少两次

d.每两周最多一次

（答案见第145页）

富含脂肪的鱼是很好的ω-3脂肪酸的来源，这是一种长链脂肪酸，有助于保持心脏健康。富含脂肪的鱼类包括凤尾鱼、鲤鱼、鲱鱼、鲭鱼和鲑鱼。这些鱼大部分时间都要逆流游动，能量以脂肪的形式储存在全身各个部位，易于燃烧。

学习：有利于地球的饮食

哪些选择有助于减少饮食对地球的影响？

在下面每项中选择一个你认为对环境有利的。如果你不确定，想想在每种食物生产时会涉及什么，这些过程可能会产生怎样的影响。

1. a.炒肉　b.炒豆腐

2. a.113克汉堡肉饼　b.85克汉堡肉饼

3. a.曾经是热带雨林的土地上种植的谷物制作的百吉饼　b.一直是田地的土地上种植的谷物制作的百吉饼

4. a.本地捕获的鱼　b.从其他国家空运来的新鲜鱼

5. a.吃谷物的牛的牛肉　b.吃草的牛的牛肉

6. a.使用化肥种植的蔬菜　b.用动物粪便施肥的蔬菜

7. a.一杯豆奶　b.一杯杏仁奶

8. a.有保鲜膜包装的零食　b.不需要包装的零食（比如苹果！）

9. a.鸡肉串　b.羊肉串

10. a.塑料瓶装的水　b.过滤过的自来水

11. a.点一个大的比萨，然后一半扔进垃圾桶　b.点一个小比萨吃完

12. a.一瓶用浓缩果汁兑的果汁　b.一瓶鲜榨果汁

（答案见第145—146页）

发现：轮作

粮食作物很难种植，植物的生长状况和产量取决于许多难以控制的因素，如天气、昆虫和杂草。

植物生长会消耗土壤中的养分，并对土壤结构造成破坏，此外还会导致害虫和疾病的积聚。轮作是一种农民可以用来提高植物产量、改善植物健康状况的方法。

轮作这个理念是选择一系列不同的作物在同一块的土地上有顺序地在季节间和年度间轮换种植，每一种作物消耗土壤里不同数量的特定营养物质，当然，也会有不同的病虫害。每个季节，当作物收获后，在不同的地块之间轮作不同类型的植物——如蔬菜、粮食作物、豆类和草地。有的地块则不种植或休耕，这意味着，如果一种植物消耗了土壤中大量的某种矿物质，土地就有机会进行恢复。这样的话，种在那里的下一种植物仍然能够苗壮成长。

例如，种植蔬菜的人可以种植芸薹属植物、豆类植物、洋葱、马铃薯和根菜类蔬菜。布置菜园时，在每个生长季节轮换种植这几种不同的作物。其间需要仔细进行规划：哪些植物应相继种植？需要在什么时间种植和收获？什么时候应该施肥来补充营养物质？一些农民还轮种牲畜可以吃的作物，这样就有地方放牧了。

早在公元前6000年，人们就已经开始应用轮作方式了。中东地区的农民轮流种植豆类和谷物，他们发现这样可以提高产量。从那以后，人们对轮作背后的科学原理有了更深入的了解。根据农民的需要，可以设计不同的轮作系统来控制杂草生长、维持土壤养分水平，或用来保护土壤结构。

发现：富营养化

施用化肥可以增加农作物的产量，并确保植物拥有正常生长所需的各种养分。然而，如果使用不当，肥料就可能对环境产生影响，破坏土壤的生态系统。

已经可以确定富营养化是由使用化肥引起的。这种变化过程具有深远的影响，极具破坏性。

当添加到土壤中的肥料被雨水冲入河流和湖泊时，雨水就会带去高浓度的氮和磷等营养物质。这会导致水中的微生物，比如藻类，生长得非常快——因为它们有了肥料供应。但藻类在水体中发挥着微妙的平衡作用，过多的藻类在池塘表面生长，会形成一层厚厚的绿色物质，挡住生长在池塘底部的植物的光线。

藻类和其他植物死亡并沉入池塘底部，成为自然生命周期的一部分，生活在水中的细菌就有了巨大的食物来源。死亡的藻类和其他植物都可以被细菌分解，细菌在有充足食物来源的情况下迅速繁殖，这就会消耗水中大量的氧气，而鱼和其他生活在水中的大型生物则会因为缺氧渐渐死去。这一过程不可逆转，同时也会影响其他以鱼为食的野生动物，这种过程可能是毁灭性的。

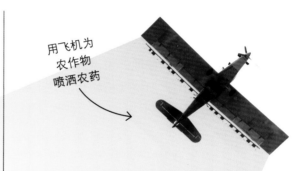

用飞机为农作物喷洒农药

虽然这一过程有时会自然发生，但是，向土壤中添加人工化肥使其成为一个更严重的问题。农民们可以通过减少化肥的使用来进行补救，而像轮作这样的技术也可以发挥重要的作用。当检测到水中的氮和磷含量很高时，可以通过化学手段，或者引入牡蛎礁等，来尝试自然去除氮和磷。

学习：轮作

农民和园丁使用轮作的方法来护理土壤，确保植物得到足够的营养。请参考以下建议，帮助农民和园丁设计轮作的计划。

农作物的类型

行栽作物：包括浅根蔬菜。种植时行与行之间有空隙，土壤暴露在外，容易受到侵蚀。虽然种植这种作物有利可图，但这些植物会消耗土壤的养分，降低土壤质量，破坏土壤结构。

固氮作物：豆类作物，如三叶草、苜蓿、豌豆和大豆。这些作物可以从土壤中收集氮，并将其固定在根瘤中作为其根系组织的一部分。当植物收获后，留在土壤中的根被分解，并将氮释放到土壤中，从而恢复土壤养分。

覆盖作物：包括草和谷物，这类作物密集的根系可以覆盖所有的土壤区域，有利于恢复土壤结构，挤走杂草。牲畜可以吃这些作物，其粪便可以作为肥料使土壤更肥沃。

打破平衡

田间种植固氮作物之后，再来种植可能从土壤中吸收氮的作物；使用覆盖作物恢复土壤结构之后，再种植可能会破坏土壤结构的作物，是个好主意。但这必须与经济作物的种植需求相平衡。

这张作物轮作表只填了一部分。这位农民想在她的三块地里种卷心菜、豌豆和小麦，并想要一个未来三年的计划。每年每块地都必须种植不同的作物，而且同一种作物不应该同时在两块地里种植。你能完成这个图表吗？

三叶草可以固氮，改善土壤营养状况

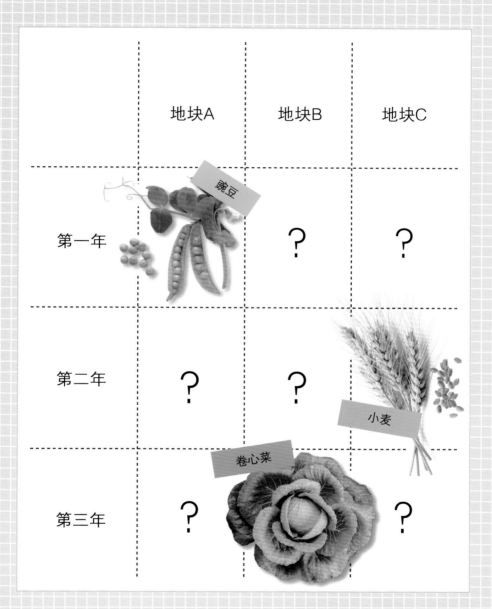

地块A　地块B　地块C

第一年

第二年

第三年

豌豆

小麦

卷心菜

（答案见第146页）

发现：食用昆虫

　　许多人不会考虑把昆虫当作一种食物。虽然吃虫子听起来有点恶心，但实际上食用昆虫已经非常普遍了，目前已知有近2 000种昆虫可以食用，约有20亿人经常吃。

　　人们通常吃的昆虫包括蟋蟀、蝗虫、甲虫、蝴蝶、白蚁、飞蛾、蜜蜂、黄蜂、蚂蚁、蚱蜢和蝉。很多地方都有昆虫养殖场，使昆虫可以从幼虫变化为成虫。昆虫在染料制作，丝绸、蜂蜜和树脂的生产中发挥着重要作用。

　　养殖的昆虫可以冷冻干燥后整只食用，或者制成昆虫粉。昆虫粉可以用来制作其他食物，如面包、意大利面、薯片、汉堡和能量棒。

为什么要吃昆虫？

　　昆虫实际上是很好的蛋白质来源，昆虫含有的蛋白质几乎和畜禽肉一样多，但是饱和脂肪酸比畜禽肉少60%。

　　昆虫还是维生素B，以及铁和锌等矿物质的良好来源。

　　由于昆虫是冷血动物，它们能非常有效地利用能量。昆虫不会以热量消耗的形式浪费能量，所以可以将更多的能量转化为蛋白质。喂养这些动物只需要较少的食物，就可以生产出同样数量的可食用蛋白质，比如，在相同的食物量的条件下，蟋蟀生产蛋白质的效率大约是奶牛的12倍。

很多人肯定不会考虑"吃昆虫"这样的事。在过去，昆虫与疾病和肮脏联系在一起，一些人觉得光是想到吃昆虫就令人恶心。但是，在工厂中饲养昆虫会遵守严格的卫生标准，并严格监控，以确保昆虫可以安全食用。

许多国家，包括中国、澳大利亚、印度、墨西哥和南非，都有吃昆虫的悠久传统。他们并不是从地上捡起昆虫就吃——他们只食用某些种类的昆虫，而且在处理和烹饪后才可以吃。

环保的昆虫

另一个需要考虑的因素是，世界人口正在迅速增长，而粮食生产速度无法跟上。我们不能只是扩大现有的粮食生产，因为这会占用大量的土地和资源，而且对环境也有巨大的影响。

所以，食用昆虫也许可以解决这个问题。与生产其他蛋白质来源相比，饲养昆虫需要的土地、水和食物要少得多，而且在这一过程中产生的温室气体也要少得多。我们也可以用昆虫的蛋白质作为普通牲畜的食物来源，腾出土地和资源来生产更环保的植物蛋白质，供人类食用。

所有这些都需要认真的科学工作。许多食品法目前还没有涵盖昆虫，大规模食用昆虫在许多国家都还是一个新理念。昆虫的生产和消费，在许多方面都没有经过检测或监管。随着我们获取蛋白质的需求变得更加迫切，也许会发现食用昆虫就是解决此问题的方法。

学习：母牛和公牛

牛是人类历史发展中的一部分，是人类主要的食物来源，并且牛有很多其他用途。从史前时代起，人们就开始饲养、食用和交易家牛了。但是你对母牛和公牛了解多少呢？

小测试：家牛

1.牛有多少个胃腔？

a.0

b.1

c.4

d.7

2.下列哪一个词不是指牛的可食用部分？

a.牛胸肉

b.牛肩胛肉

c.肋排

d.弗兰克

3.全球人类消费的肉类有多少来自牛？

a.10%

b.25%

c.50%

d.80%

4.下列方法中哪种可以使牛肉变嫩、变软？

a.放在冰箱里

b.用锤子敲

c.加一些菠萝

d.以上所有

5.牛的眼睛长在头的两侧。它们的视野有多宽？

a.180°

b.240°

c.330°

d.360°

6.下列东西中哪一个不是用牛骨做成的骨炭的用途？

a.作为食物

b.保护卫星免受太阳高温的炙烤

c.精炼糖，去除杂质

d.制作颜料、油墨、墨水

7.下列哪种物品含有牛的产品？

a.棒球手套

b.小熊软糖

c.画笔

d.以上所有

8.史上最重的公牛有多大？

a.大约600千克——大约相当于260块砖的重量

b.大约1 000千克（1吨）——相当于一头成年水牛的重量

c.大约1 700千克（1.7吨）——相当于一辆大型汽车的重量

d.大约2 700千克（2.7吨）——相当于蓝鲸舌头的重量

9.人们观察到牛做不到以下哪一项？

a.区分不同的人

b.认出它们母亲的声音

c.啃地上的草

d.可以记得食物来源的位置数小时

10.下列牛的哪一部分不能作为食物食用？

a.肝脏和肾脏

b.舌头

c.乳房

d.脑

e.以上都可以食用

（答案见第147页）

学习：世界各地的昆虫食物

很多国家的人都取食昆虫，昆虫是他们传统民族美食的一部分。你能猜一猜，并把每一种昆虫与普遍食用这种昆虫的国家连起来吗？

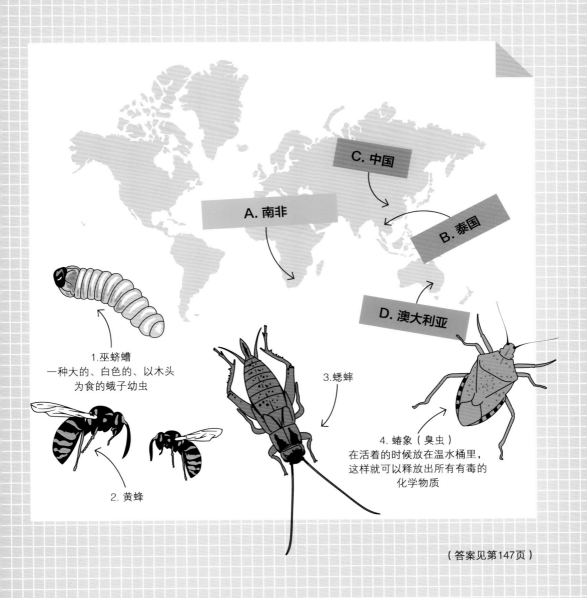

C. 中国

A. 南非

B. 泰国

D. 澳大利亚

1.巫蛴螬
一种大的、白色的、以木头
为食的蛾子幼虫

3.蟋蟀

2. 黄蜂

4. 蝽象（臭虫）
在活着的时候放在温水桶里，
这样就可以释放出所有有毒的
化学物质

（答案见第147页）

实验：解剖鸡腿

吃烧烤的时候，你也许在烧烤架上看到过生鸡腿。在这个实验中，我们要仔细观察鸡腿的各个部分，看看鸡腿由哪些部分组成，以及它们是如何连接在一起的。

我们和鸡不是同一类生物，但是，我们和鸡有60%的DNA是相似的，而且鸡腿的许多结构和组织也与我们身体中的相似。

你需要：

· 1只鸡腿（带皮鸡大腿 ）

· 锋利的刀（请成年人帮忙）

· 砧板

必须有成人进行监督

实验步骤：

1. 生鸡肉可能含有致病菌，导致食物中毒。处理生肉之前和之后，要用肥皂和热水彻底洗手。

2. 把鸡肉放在砧板上，仔细观察鸡皮。

你能看到毛被拔掉的地方吗（或者还有一些留在上面）？

鸡皮摸起来像人的皮肤吗？闭上眼睛触摸鸡皮是什么感觉呢？

3. 拿起鸡腿，小心地来回弯曲膝关节。要像你自己的膝盖或肘部一样弯曲，在有限的角度内只向一个方向弯曲。

4. 把鸡腿的皮剥下，看看里面的构造。

鸡腿里有什么？

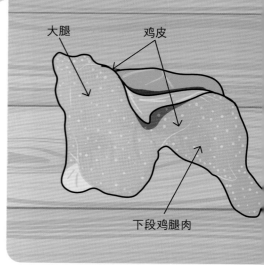

大腿　　　　　　鸡皮

下段鸡腿肉

粉色部分是肌肉组织，可以看到一些血管在肌肉中穿过。肌肉组织由肌纤维组成，当肌肉收缩时，肌纤维会相互滑动。

鸡腿上也可能有不透明的白色部分，这是脂肪层，用来储存能量，帮助鸡保持温度。

5. 把皮全部剥掉，取下来。你可能需要用刀尖切下来。（向成年人寻求帮助。）

6. 在肌肉的末端，应该能找到肌腱。肌腱可以将肌肉和骨头连接起来。

肌腱由一种叫作胶原蛋白的强力的胶原纤维组成，没有弹性，很坚韧。

7. 两根骨头相连的地方，你也许能看到韧带。韧带很像肌腱，但它连接着两根骨头，将关节抱在一起。

我们的关节韧带可以轻微拉伸，但拉伸得很慢，这就是为什么人们在运动前要热身。如果没有事先轻柔地拉伸，突然剧烈的运动可能会损伤韧带。

8. 在成年人的帮助下，用刀去除骨头上的肌肉和脂肪组织。

9. 从两根骨头之间的关节中间切开。

应该能看到骨头末端的软骨——一种蜡状的半透明物质，在骨头相对移动时能起保护作用。

可能会在骨头内部看到暗红色的物质，这是骨髓，是产生新的血细胞的地方。

实验完成后，别忘了把手、刀和砧板彻底清洗干净！

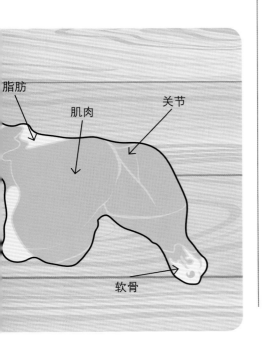

脂肪
肌肉
关节
软骨

发现：遗传学和选择育种

许多植物和动物通过来自双亲的物质的结合进行繁殖。细胞内的DNA决定了生物的特征。99.9%的人类DNA是相同的，微小的差异预示着人们在身高、眼睛颜色等方面存在差异。

DNA的概率

两个生物体一起繁殖后代时，他们的DNA结合，产生了孩子的DNA。孩子的特征可能从父母其中之一那里获得，也可能是双亲的混合。由于DNA的表达方式复杂，所以很难预测孩子的特征，有时会出现双亲都没有的特征。例如，一对棕色眼睛的父母有可能生一个蓝色眼睛的孩子。

一般来说，拥有特定特征的父母会增大将这些特征遗传给孩子的可能性。例如，两个高个子的人有了孩子，他们的孩子的身高也很有可能比平均水平要高。

当然，很多人在选择伴侣时，不会基于他们是否想要一个高大的孩子。但是，如果你是一个农民，就可以利用这一点培育出更理想的植物和动物，如果实更大的树木或产奶更多的奶牛。

选择育种

选择育种是对植物和动物进行选择，来繁殖后代的过程，要么人工给植物的花朵授粉，要么人工给牲畜授精。

找到某种特性的最佳样品，一起进行繁殖，然后从后代中选择最好的，再进行繁殖。虽然大多数后代是普通水平，但是，通过选择性地只繁殖那些有更可取的特性的个体，就可以改变动物或植物的外观，或改变生产食物的方式。

人类从史前早期就开始进行选择育种了，逐渐培育出了我们今天食用的大多数植物和家畜。

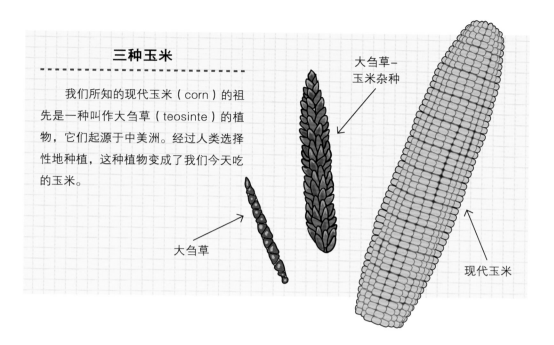

三种玉米

我们所知的现代玉米（corn）的祖先是一种叫作大刍草（teosinte）的植物，它们起源于中美洲。经过人类选择性地种植，这种植物变成了我们今天吃的玉米。

大刍草

大刍草–
玉米杂种

现代玉米

可以想想现代家养的狗，它们都不在野外生活。狗的近亲是狼。经过几个世纪的选择育种，从较野性的、表现较差的狗开始，人类选育出了灰狗、英国古代牧羊犬和腊肠犬。这些犬看起来完全不同，但都突出了有趣和不寻常的特征（跑得很快、有很多的毛发、看上去像热狗），从而评选出了跑得最快、毛最多、最像香肠的狗，也培育了一代又一代的家犬。

学习：杂种命名

- -

　　选择育种可以用来培育能结出更大果实的植物，以及能生产更多肉类的动物。此外，人们也通过培育动物来创造杂交种。一个物种是一组相互配可以产生可育后代的动物，但是，杂交动物并不都具备繁殖能力。

猜猜这些动物杂交可以形成哪种动物？

A.斑马+驴	1.有66颗牙齿、深灰色的鲸（水生哺乳动物）
B.狮子+老虎	2.小熊，有白毛和褐叶斑纹，脚底部分有毛
C.宽吻海豚+伪虎鲸	3.已知最大的猫科动物；喜欢游泳和社交
D.灰熊+北极熊	4.没有驼峰的有蹄类哺乳动物，体形庞大、强壮，可以生产柔软的绒毛
E.家牛+美洲野牛	5.小型四足似马哺乳动物，有耐力、吃苦耐劳，也很聪明
F.驴+马	6.小型似马哺乳动物，躯干棕色，腿有黑白条纹
G.骆驼+美洲驼	7.牛科哺乳动物，耐寒性好，肉瘦且鲜美

（答案见第147页）

根据亲本的性别，不同的动物配对会产生不同的杂交后代。例如，骡子是公马和母驴的后代。虽然大多数杂种的特点结合了亲本的特征——一个亲本是斑马的杂种，通常称为杂交斑马，多数身体有黑白条纹。有时杂种也可以表现出比亲本更优秀的特征，这使得某些杂种植物特别有优势。

杂交斑马

一些杂种植物

奥林匹亚菠菜

奥林匹亚菠菜是一种菠菜的杂交品种，长得更浓密，叶色更深，在高温下也能生长得很好。这种菠菜的味道极好，也有抗病性。

北京柠檬

北京柠檬是枸橼（类似于柠檬）和柑橘或柚子的杂交品种。北京柠檬比普通柠檬更甜，酸度更低，更近于圆形，略带橙色。

杂交玉米

从大刍草中选择性培育现代玉米植株的过程，包括选育杂交品种（用不同品种的玉米杂交），杂交得到的玉米有更大、更甜的籽粒。

发现：转基因食品

　　我们生活中的大多数食品都来自转基因物种，科学家们在实验室里改变植物和动物的DNA，人们将其称为"转基因"。现在已经培育出许多新型的粮食作物和动物。

基因工程

　　几千年来，人类一直通过选择育种来改造植物和动物的DNA。直到20世纪，我们才认识到背后的科学原理，了解了细胞内到底发生了什么。DNA的结构是在1953年被发现的，几十年来，科学家们一直在努力理解其代码——核苷酸序列（要记得第84—85页的糖果DNA）如何决定有机体的外观和表现方式。

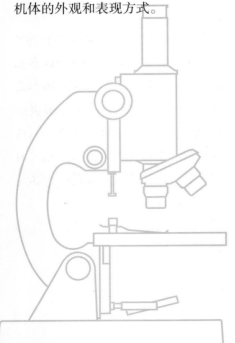

　　通过对DNA的操控，我们也许能创造出新的植物和动物。将不同物种的DNA片段结合在一起，然后将其导入动植物体的受体细胞或受精卵中，长成完整的有机体。这种技术称为转基因。这种技术具有巨大潜力——可以创造出生长更快的抗病植物，从而减少对杀虫剂和化肥的需求。

转基因产品的例子

　　大多数转基因作物旨在能够抵抗病虫害。木瓜、李子、马铃薯、西葫芦、玉米和大豆都经过了基因改造，以抵抗特定的疾病和昆虫。这些作物在世界各地都有种植，有时还通过防止病毒暴发，拯救整个行业，使其免于崩溃。

　　基因改造后的黄金大米含有β-胡萝卜素。这种黄色色素使水稻呈金黄色，也是维生素A的重要来源。在

黄金大米是维生素A的极好来源

饮食缺乏维生素A，且以大米作为主要粮食作物的国家可以种植这种大米。维生素A的缺乏每年可以导致成千上万人失明和死亡。

即使基因改造的目标不是拯救生命，它仍然不无裨益。通过基因改造，苹果可以减少多酚氧化酶的产生，使其变成褐色的速度变慢。

转基因的一些其他用途就更令人兴奋了。转基因动物可以在奶中生产药用蛋白——转基因山羊已经被用来生产一种叫作抗凝血酶的抗凝血剂，用于治疗血液疾病。

转基因可怕吗？

有些人认为转基因很可怕，科学家必须小心地检测转基因产品，以便使它们符合严格的规定。从历史上看，新物种引入一个环境时（例如通过商船引入），新的、更强大的物种与原有物种的相互作用已经造成了一些问题。转基因作物要被隔离在封闭的农场里生长，直到经过充分的测试。转基因作物通常不育，所以也不能自然繁殖。

改变一种有机体的DNA可能会产生不同于预期的效果。DNA的许多功能我们并不了解，但是，转基因作物的研究是在严格的规则下谨慎进行的，经过了大量的测试，也有适当的保障措施。想要使得人人都有充足的食物，农药污染更少，转基因作物是很好的实验动力！

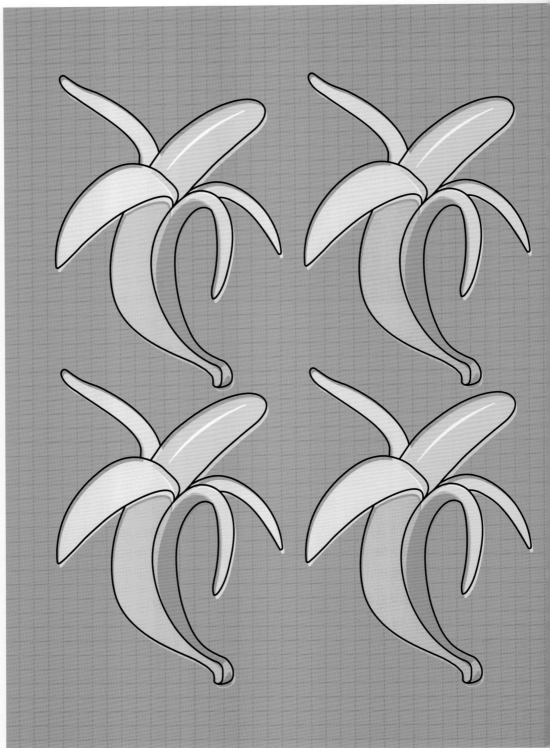

答 案

答 案

第一章 植物

p6 香蕉

1.a 会浮起来。香蕉有防水性，所以不会溶解，但密度比水小。

2. b 较小。我们有选择的种植使其变得更大，因为香蕉越大就意味着果肉越多，就更美味！

3. d 所有这些金属元素都有，但含量最高的是钾。一根小香蕉（重100克）含有大约360毫克钾、27毫克镁和0.3毫克铁。

4. c 香蕉叶。

5. b 50%。人类的DNA有50%与香蕉相同，90%与猫相同！

6. b 美白牙齿。

a 据说用香蕉皮内侧擦皮肤可以缓解昆虫叮咬和毒葛（一种植物）引起的瘙痒，还可以治疗包括湿疹在内的一些皮肤病。

b 有人说用香蕉皮擦牙齿可以美白；然而，没有证据能证明这一点。而且美国牙科协会不建议用水果皮擦牙齿。水果通常是酸性的，会损害牙釉质。

c 香蕉皮有甜味，意味着如果把香蕉皮留在花园里，能引来蝴蝶，不过，也会招来苍蝇和黄蜂！

d 用香蕉皮内侧擦皮鞋或皮包，擦干净后，可以使其更光亮。这种方法似乎也适用于植物叶子和银器。比买擦光剂便宜，还能吃到香蕉！

e 据说，用胶带把香蕉皮粘在皮肤肉刺上一段时间，会更容易去除肉刺，因为香蕉中存在的酶会软化周围的组织。

7. b 河鲤鱼。

8. a 8。来自美国芝加哥的帕特里克·贝托莱蒂在2012年创造了这项纪录。同一天，帕特里克还创造了一分钟内吃蒜瓣最多（36瓣）和一分钟内吃迷你泡菜最多（16棵）的纪录。

9. b 蓝莓。

P7 细胞的组成部分

动物细胞：线粒体、细胞膜、细胞核、细胞质、核糖体

植物细胞：线粒体、叶绿体、细胞膜、细胞核、细胞壁、细胞质、核糖体、液泡

酵母菌细胞：线粒体、细胞膜、细胞核、细胞壁、细胞质、核糖体、质粒、液泡

细菌细胞：细胞膜、细胞壁、质粒、细胞质、核糖体

1. 烤火腿：动物细胞

2. 沙拉：植物细胞、酵母菌细胞（醋）

3. 芝士生菜汉堡：动物细胞（汉堡肉饼）、酵母菌细胞（面包）、植物细胞

4. 草莓酸奶：细菌细胞、植物细胞

5. 鸡翅：动物细胞

P15 这些数值有多大？

1500亿个细胞÷5万/袋=300万袋大米。

如果你把这些大米袋子放在地上，面积超过5个半足球场！

P15令人惊讶的纤维素！

含有纤维素的：

· 铅笔——木材含有40%~50%的纤维素。

· 生菜叶子、苹果、芹菜、辣椒、水仙茎干——主要由植物细胞组成，植物细胞的细胞壁中含有纤维素。

· 钞票——用来制造纸币的纸和棉、麻纤维都含有纤维素。

· 糖纸——通常由玻璃纸制成。

· 这本书——纸是由木材制成的，含有纤维素。

· 奶昔——纤维素用作增稠剂。

· 牛仔裤、棉T恤——棉布含有90%的纤维素，牛仔布是由棉花制成的，含有纤维素。

不含纤维素的：

· 火腿——动物细胞没有细胞壁。

· 钥匙、硬币、刀和叉、平底锅——都是金属做的。

· 岩石——由矿物质组成，不是细胞。

· 餐盘——陶瓷制品也是由矿物质制成的。

P38 光合作用：判断正误

1. 错误。植物吸收二氧化碳，并利用它来进行光合作用用于生长和繁殖。组成植物细胞的物质含有大量的碳，大型树木每年可以长100千克，其中38千克是碳。植物也会通过呼吸作用产生二氧化碳，但不如光合作用吸收的多。

2. 正确。地球表面有大量的植物，有益于地球，它可以一定程度上抵消人类和动物吸入氧气和呼出二氧化碳带来的影响。滥伐森林（大面积砍伐植被）和大规模地发展畜牧业（饲养大量的牛羊）会使这种平衡难以维持。要保护地球，就需要保护地球上的植物。

3. 正确。绿色植物能够通过光合作用吸收二氧化碳，释放氧气；绿色植物能够吸附粉尘；绿色植物有着较强的化毒、吸收、积聚、分解、转化的功能，植物本身就是一个复杂的"工厂"。因此房子周围摆放植物可以使空气清新。

4. 通常来说是正确的。但是，光合作用的速率取决于很多因素。植物在其生长周期的不同阶段能释放出不同数量的氧气，并吸收不同数量的二氧化碳，这取决于周围环境的温度和空气中的二氧化碳水平。

5. 正确。植物察觉到阳光较少的冬季即将来临，于是停止产生叶绿素。接着，树叶变干脱落，这样树木就可以减少水分蒸发，节省能量。

6. 错误。光合作用需要光照，因此植物在黑暗中不能进行光合作用。

7. 正确，但也不正确！绿叶海蜗牛是在美国和加拿大东海岸发现的一种海蜗牛。这种动物可以取食并部分地消化藻类，利用其叶绿素在阳光下生产食物，是一种共生关系。眼虫（也称裸藻）也能通过光合作用制造有机物。

8. 正确。气孔的开启和关闭可以控制进入植物的二氧化碳量以及水分的蒸发。

9. 错误。叶绿素仍然有，否则植物就会死亡。它被叶子中较强大的红色和紫色色素——花青素掩盖了。这些色素能保护树木免受强烈的阳光照射。

10. 正确。

P39 马铃薯

1. a 块茎是植物茎的膨大部分，用来储存养料和营养物质。虽然块茎位于地下，但严格来说并不是根。马铃薯是块茎，而甘薯则稍微不同，称为块根，是膨大的根。

2. d 甘薯属于旋花科。在西班牙语中，"potato"（马铃薯）和"sweet potato"（甘薯）的单词"patata"（马铃薯）和"batata"（甘薯）非常相似，这可能就是它们在英语中都称为"potato"的原因。不过，它们并非相同科的植物。

3. b "tuber"的意思是块状、隆起物或膨大。

4. c 马铃薯的79%是水。

5. b 在理想的条件下，每株平均能结1~2千克的马铃薯，5~15个。这取决于种植马铃薯的品种，以及照料得怎么样。

6. c 最大的马铃薯重4.98千克，由英国的彼得·格拉泽布克种植而成。此前，彼得还保持着世界上最长的胡萝卜、最重的欧洲萝卜和最长的甜菜根的记录。

7. c 马铃薯在4月份左右种植，需要15~20周的时间才能成熟。所以马铃薯在9月份收获。

8. d 已知有大约4 000种不同的马铃薯品种。不过，只有一小部分品种能在市场上买到。

9. a 马铃薯最初是在南美洲被驯化的。安第斯山脉贯穿秘鲁和玻利维亚，是最早种植马铃薯的农民居住的地方，这里现在依然种着多种多样的马铃薯。现在世界各国都种植马铃薯。

10. b 一个马铃薯含有322千焦的能量，平均100克巧克力含有2 093千焦能量，所以需要吃大约6.5个马铃薯才相当于100克巧克力所含的能量。

第二章　食品

P60 面包和酵母菌

1. d 以上所有。糖在烘烤面包和使用酵母菌的糕点中最常见。过去，煮马铃薯也曾被用作一些面包中糖的来源。

2. c *Saccharomyces cerevisiae* 的意思是"吃糖的菌"。

3. a 古埃及。象形文字表明，古埃及人在5 000多年前就开始使用酵母菌来生产酒精饮料、制作面包了。

4. c 玉米饼。甜甜圈是用酵母菌做成的。国王蛋糕和肉桂面包用酵母菌发面。玉米饼是无酵饼，不用发面。

5. a 发酵。

6. d 以上所有。虽然酵母菌细胞以糖为食物，但是，如果周围的糖浓度太高，细胞就会由于渗透作用而失水（见第61页）。高浓度的盐对酵母菌也有同样的危害。在面团配方中加入少量的盐可以调节酵母菌的生长，达到更均匀的效果。酒精浓度太高对酵母菌是有害的。

7.b 小苏打面包。小苏打面包使用碳酸氢钠产生二氧化碳来发面。一些不含酒精的饮料，包括根汁汽水，使用酵母菌产生二氧化碳使其起泡。酵母菌产生的二氧化碳可以供给水族箱里的植物。益生菌补充剂也含有酵母菌，已经证明其可以减轻腹泻症状。

8.b 把干酵母浸泡在温水中可以"激活"它。

9.a 营养酵母经常用于素食烹饪，来代替奶酪的味道。其盐、脂肪和糖的含量都很低，是维生素的优质来源。

10.d 酵母菌属于真菌。

P61 细菌和霉菌

1.使细菌生长得更快的因素：温暖的环境；潮湿的环境；低盐水平；有糖、淀粉和蛋白质（作为养料）。

抑制细菌生长的因素：干燥的环境；在热烤箱里；在冰箱中；高盐水平；不含糖、淀粉或蛋白质。

2. 单细胞生物
细菌：是　　霉菌：不是
形成长菌丝
细菌：不是　　霉菌：是
通过分裂进行繁殖
细菌：是　　霉菌：不是
通过释放孢子繁殖
细菌：不是　　霉菌：是
人们认为是一种微生物
细菌：是　　霉菌：是
有许多不同的形状和形态
细菌：是　　霉菌：是
可以使食物变质

细菌：是　　霉菌：是
通常都有一个帽子
细菌：不是　　霉菌：不是
可以用来做奶酪
细菌：是　　霉菌：是
太小了，除非进行培养，否则看不见
细菌：是　　霉菌：是
温度过低时不能生长
细菌：是　　霉菌：是

第三章　我们的身体

P79 消化系统的组成部分

1. 口腔
2. 肝
3. 胆囊
4. 盲肠
5. 阑尾
6. 唾液腺
7. 食管
8. 胃
9. 胰腺
10. 大肠
11. 小肠
12. 直肠
13. 肛门

P94 选择合理的饮食

饮食A：1否，2是，3是，4是，5是，6否，7是，8否

饮食B：1否，2是，3是，4是，5否，6否，7是，8否

饮食C：1是，2否，3是，4是，5否，6

是，7是，8否

饮食D：1否，2否，3是，4是，5否，6否，7否，8是

P100 你的食物含有多少热量？

按照热量从多到少的顺序排列：

· 一整块1千克的巧克力蛋糕=16 074千焦

· 一袋500克的巧克力=5 965千焦

· 一个快餐汉堡、一份普通薯条和普通可乐=4 563千焦

· 一块丁骨牛排=2 428千焦

· 一块意大利辣香肠比萨=1 247千焦

· 一个果酱甜甜圈=1 210千焦

· 20克咸薯片=649千焦

· 一杯牛奶=624千焦

· 一个大鸡蛋做的炒蛋=427千焦

· 一个中等大小的苹果=301千焦

· 一块普通饼干=247千焦

· 一个中等大小的洋葱=184千焦

· 一杯切碎的芹菜=75千焦

· 两茶匙黄芥末=25千焦

· 一瓣大蒜=21千焦

· 一杯水=0千焦

P100 一整头牛有多少热量？

如果一头800千克的牛20%是脂肪，55%是肌肉，那就表示有大约160千克的脂肪和440千克的肌肉。因为1千克=1 000克，意味着总热量是（160 000 x 38）+（440 000 x 12）=11 360 000千焦。这些热量足够生存1 357天，超过三年半！不过，在那之前你可能就会厌恶牛肉的味道了。

P101 为消耗晚餐而跳舞

A 5，B 3，C 6，D 1，E 7，F 2，G 4

P104 舌头

1. d 舌头由8块肌肉组成，其中有4块是全身仅有的没有直接连着骨头的肌肉！

2. a 正确。

3. c 大约70克——从会厌（食道顶部）到舌尖进行测量，平均舌长9厘米。

4. e 咸、甜、苦、酸、鲜。

5. e 所有的部位——舌头的各个部位都有感知甜味的味蕾。

6. b 错误。并非所有的味蕾都在舌头上，尤其是幼儿，味蕾和味觉感应细胞遍布口腔。

7. c 2 000～8 000。

8. d 65%～80%。人们认为这是一种遗传特征，但有证据表明也可以习得。

9. a 酸橙汁。

10. a 正确。舌头上细菌聚集会导致口臭，刷舌头、刷牙和用牙线洁牙是一种良好的卫生习惯。

第四章　世界

P120 什么是鱼？

1. d 以上所有。

2. b 饮食要均衡。油炸食品会增加油或脂肪的摄入，因此不健康。

3. b 鱼素者。蛋素食者吃素食，通常只吃鸡蛋，不吃奶制品，而袋鼠素食者除了素食外，只吃袋鼠肉。

4. d 呼吸作用发生在所有的活细胞中，可以为生命活动提供能量。

5. b 50%。养殖鱼是在鱼缸或围栏中饲养，通常养殖的品种包括鲑鱼、金枪鱼、鳕鱼、鳟鱼和大比目鱼。

6. c 每周至少两次。鱼含有蛋白质、维生素和能降低高血压和心脏病发作风险的营养物质。

P121 有利于地球的饮食

1. b 选择植物蛋白产生的温室气体较少，比如豆腐（由大豆制成）。

2. b 选择小一点的汉堡肉饼能减少温室气体的排放，而且可能仍然够吃！

3. b 砍伐森林、开垦农田对当地环境有巨

大的影响，同时也减少了有助于吸收空气中二氧化碳的树木数量。这就破坏了生态系统，迫使动物离开家园，减少了该地区动植物的多样性。

4. a 从国外进口食品，尤其是通过飞机进口，会造成很大的碳污染。如果能买到的话，最好买本地的。

5. 答案是目前还不清楚。吃谷物的牛，生产和进口牲畜饲料碳足迹更高，对粮食大量的需求会导致砍伐森林、开垦土地等破坏性活动。不过，食草的家牛也会产生大量甲烷，并需要大量的土地用于放牧，有时这些土地也由森林砍伐而来。

6. b 化学肥料虽然有效，但是会渗入周围的土壤，给环境带来损害（见123页）。农民可以收集和利用动物粪便，因为这些粪便富含氮，而且不需要任何费用。

7. a 虽然与乳制品相比，植物奶是相对低碳的选择，但是，种一颗杏仁也需要5升水。世界上大约80%的杏树生长在加州，在那里，干旱已经成为一个严重的问题。

8. b 保鲜膜包装会产生垃圾，污染环境，如果动物吃了或被缠在里面，也会对动物造成伤害。而选择不需要包装、新制作的食品或有保护层（果皮）的水果其实更方便。

9. a 鸡肉的碳足迹明显低于羊肉的。

10. b 塑料瓶能造成污染。只要你的自来水可以喝，就比瓶装水便宜！

11. b 食物浪费是个大问题，它会污染环境，此外制造食物的温室气体也会对环境造成影响，提前进行计算很容易就能将食物浪费降至最低。

12. a 浓缩果汁更容易运输。因为水被蒸发掉，所以浓缩的果汁可以用更少的卡车运至各地，再添加水至接近饮用浓度即可。

P125 轮作

地块A

第一年：豌豆；第二年：卷心菜；第三年：小麦

地块B

第一年：小麦；第二年：豌豆；第三年：卷心菜

地块C

第一年：卷心菜；第二年：小麦；第三年：豌豆

P128 家牛

1. c 严格来说家牛只有一个胃，但是分为四个部分。食物在不同的消化阶段经过胃的不同部位，在这个过程中，食物可以再回到嘴中进行反刍，经牛的后牙咀嚼（磨牙）再吞到不同的胃中！

2. d 弗兰克不是牛的组成部分。

3. b 牛肉是第三大消费肉类，仅次于鸡肉和猪肉。

4. d 让牛肉在低温下硬化，自然产生的酶可以分解坚硬的肌肉纤维，使肉变得更嫩。这也可以通过机械手段（用锤子捶打肉），或添加一种从菠萝中提取的菠萝蛋白酶来完成。

5. c 除了头正后方一处30°扇形区域，牛可以看到周围的一切。

6. a 在没有氧气的密封容器中，将骨头碎片加热到700℃，会产生一种不含有机物的多孔黑色物质。这种物质可用于水的净化、精炼糖和制造墨水，也可用于太空卫星的隔热！

7. d 皮革是肉类工业的副产品，明胶用于许多食品，使其更有嚼劲，牛耳毛可以制作牛毛画笔。

8. c 大约1700千克（1.7吨）——相当于一辆大型汽车的重量。

9. c 牛实际上是用巨大的舌头横扫草类，不需要用牙齿，并且舔一次就可以取食多达12平方厘米的草地。

10. e 牛的多数部位都会以某种方式成为你的食物！过去，在英国的一些地方将牛乳房作为菜肴"elder"的一部分进行食用。目前在许多国家，由于存在传播牛海绵状脑病（俗称"疯牛病"）的风险，人们认为食用牛的脊柱和神经系统不安全。

P129 世界各地的昆虫食物

1. D 巫蛴螬原产于澳大利亚。它们被澳大利亚土著居民当作丛林食物——丛林食物是指当地的食物。巫蛴螬经烘烤后，外面变得酥脆，像烤鸡一样。

2. C 黄蜂是一种膜翅目（飞虫）昆虫。在中国西南部的云南省，一些幼虫可在油炸后食用。

3. B 在泰国和整个南亚，蟋蟀被浸泡在水里清洗，油炸后作为零食。泰国每年生产约6800吨蟋蟀，大约有2万个蟋蟀养殖场。

4. A 在南非，人们吃臭虫。人们在黎明前收集臭虫，那时比较容易捕捉。臭虫需要活捉，这样它们的有毒化学物质才能排出来。臭虫彻底煮熟后，通常加一点盐油炸食用。

P134 杂种命名

A 6（斑驴），B 3（狮虎兽），
C 1（鲸豚），D 2（灰北极熊），
E 7（皮弗洛牛），F 5（骡子），
G 4（杂种骆驼）

图片出处说明

商业图片

前言、目录1—7：©Delpixel

目录2、126、127：© Anat Chant

3上：©CosmoVector

3下、17左：©Quang Ho

6、140：©AJT

8、9：©Irina Sokolovskaya

10、11：©YDU Mortier

13上：©Dibrova

13下：©Dudarev Mikhail

14：© Moving Moment

15、40上、41上、113：©Nataly Studio

16、17、20、122、129左下：©Irin-K

17中：©Hong Vo

17右：©Susii

18：©Vladimir Dudkin

19右上：©Drakuliren

19：©KA-KA

19、23、90中：©Baibaz

20、21：© Henrik Larsson

25：©Tanatat

26：©Nattika

27下：©Pektoral

28—29：© Triff

30：©Domnitsky

31最右：©Kaca Skokanova

32左：©Alexey Smolyanyy

32右：©Chrispo

33上：©Thomas Dutour

34左：©randandrei

33右下、125中图：©Banprik

34上和左下：©Edward Westmacott

34右下：©Mikeledray

35：© Morphart Creation

36上：©Barmalini

36下：©芭芭·琼斯

37右：©江红艳

38：©Pernsanitfoto

40—41下：©Alexander Raths

41中：©Gorra

44上、46、47：©Amri Azhar

45背景：©Petr Baumann

45下：©Robyn Mackenzie

48、69、81：©Railway FX

50：©Linyoklin

52右：©Matkub2499

53：©Kaiskynet Studio

54左下：©Cynoclub

54右下：©Gresei

54左上、103：©Vitaly Korovin

55右：©Notsuperstar

56、60、142：©Maor Winetrob

56—57（中）：©Chalermchai Choychod

58、59：© kwanchai.c

62—63：©Goldnetz

64上、114：©Duda Vasilii

64左：©Sha15700

64右：©Marilyn Barbone

65左：©Da-ga

65右：©Peter Vanco

66—67：©Images.etc

68：©IrinaK

69下：©Prapann

71：©Tsekhmister

76：©Ivonne Wierink

78：©Paitoon

82：©Graphics RF

84、85：©Gyvafoto

86：©Iryna Denysova

87：©Fascinadora

88：©Niradj

89上：©Baibaz

89下：©Andrii Malkov

90左、100：©Valzan

90右：©Tatiana Volgutova

91中：©Bestv

91右：©Cozine

92：©Afonkin_Y

93上、145：©Perla Berant Wilder

93下：©Natdanai Srichaiyod

94、95：©Jiffy Avril

96：©Guntsoophack Yuktahnon

97：©Winston Link

99：©Kamira

101：©Hibrida

105：©Sayam T

107上：©Dreamloveyou

107下：©Djsash

110—111：©Evgeny Karandaev

114—115：©Prostock-studio

112、113：© BJ Photographs

118：©FloridaStock

119：©Steve Cukrov

121：©Stockcreations

122、146：©Paphawin Laiyong

123：©Itsik Marom

124：©Unpict

125左、146：© Master Q

125右：©Svitlana-ua

126、127：©Trum Ronnarong

129（地图）：©Tanarch

129中下：©Prachaya Roekdeethaweesab

129右下：©Schankz

129：© Shutterstock

132：© Amri Azhar

133右下：©legchopan

133左下：©Eric Isselee

135：©Peter Etchells

137：©Itman__47

除非另有说明，本书插图均由勃兰特·罗伯提供。我们已尽一切努力获得本书使用的图像版权所有者的授权。若有无意的遗漏或错误，我们在此道歉，并将在后续版本中进行修订。